区域整体开发的设计总控

上海建筑设计研究院有限公司 著

上海科学技术出版社

图书在版编目（CIP）数据

区域整体开发的设计总控 / 上海建筑设计研究院有
限公司著. -- 上海 : 上海科学技术出版社，2021.1
ISBN 978-7-5478-5151-7

Ⅰ. ①区… Ⅱ. ①上… Ⅲ. ①城市规划－建筑设计
Ⅳ. ①TU984

中国版本图书馆CIP数据核字(2020)第224094号

内容提要

本书紧扣时代发展趋势，结合成功工程案例，详细阐述了区域整体开发及其设计总控。从区域整体开发的产权划分模式入手，梳理区域整体开发项目流程、复杂性和矛盾点，剖析其"产权分割、工程条线、实施技术、管理环节"四大主要难题，抓住土地出让前、后的规划与设计管理的四大关键阶段，系统建构设计总控的实际操作体系、目标原则、问题对策和工作内容，回顾并总结了上海虹桥枢纽核心区一期、世博B片区、徐汇滨江西岸传媒港、世博公园等重大项目的总控经验。

本书可为城市开发、城市规划、城市设计、建筑设计的政府管理人员、从业人员、研究学者和在校专业学生提供参考和借鉴，为区域整体开发类城市设计项目的开发、设计、管控、建设、评估的实施落地提供重要参考，也是持续促进我国城市设计创新实践与技术进步的积极探索。

区域整体开发的设计总控

上海建筑设计研究院有限公司　著

上海世纪出版（集团）有限公司
上海科学技术出版社　出版、发行
（上海钦州南路 71 号　邮政编码 200235　www.sstp.cn）
上海雅昌艺术印刷有限公司印刷
开本 787×1092　1/16　印张 16.75
字数 270 千字
2021 年 1 月第 1 版　2021 年 1 月第 1 次印刷
ISBN 978-7-5478-5151-7/TU·303
定价：150.00 元

序一
PREFACE I

　　习近平总书记 2019 年在上海考察时指出：人民城市人民建，人民城市为人民。城市的核心是人，让人民在城市生活得更方便、更舒心、更美好，是城市建设和管理的重要标尺。

　　一段时期以来，我国城市建设走过了一段重外延轻内涵、重单个项目建设轻区域整体规划的粗放型之路，导致城市"摊大饼"式发展，"城市病"问题突出。如何建设城市、精细化管理城市，首先需要的是尊重城市发展规律，做好顶层设计，科学合理规划城市空间布局，提升城市空间的系统性、联动性，以此提升市民生活的便捷性、舒适性。

　　华建集团一直秉承"让建筑更富价值，让生活更具品质"的企业使命，致力于通过我们的设计，服务于城市的美好发展和人民对美好生活的向往。集团旗下上海建筑设计研究院有限公司（简称"上海院"）成立于 1953 年，为国家城市建设奉献了很多精美的建筑作品。在城市建设由过去粗放发展、快速扩张向现今高质量、高效益增长的转变中，上海院团队早在多年前就进行了有益的探索，提出了区域整体开发设计总控的设计策略，以"创新、协调、绿色、开放、共享"为理念，以统一规划、统一设计、统一施工、统一管理为手段，在诸多片区的区域整体开发建设中进行了广泛实践，对于优化城市空间布局、提升城市整体运行效率发挥了重要作用。

　　当前，中国很多城市都提出了自己面向未来的城市发展目标。"上海 2035"规划提出了到 2035 年基本建成卓越全球城市的愿景，并在规划中提出要优化城市空间格局，且特别强调了要探索面向未来的城市治理模式和组织方式，强调多部门统筹，强调多系统综合，强调各相关方共同行动。这也是城市区域整体开发的核心价值所在。

　　面向未来，随着新的发展理念、新的建设模式、新的建筑技术的应用，区域整体开发设计策略也需要不断迭代升级。希望上海院团队继续探索创新，推进开发、设计、管理、建造新模式的发展，为绿色、共享、可持续的城市建设提供科学、动态、前瞻的技术支撑；继续秉承以人民为中心的设计建设理念，精心打造城市空间板块，为城市高质量发展贡献力量。

2020 年 10 月

序二

PREFACE II

　　城市的发展基本上都有一个目标战略考虑，只是由于在长时期的发展过程中，会因政治、经济、技术、审美的因素介入而不断变化。从古罗马时期开始，城市渐渐出现了大规模的建设项目，从而形成区域根脉的发展，开始形成城市空间设计的观念。

　　城市的形成与发展需要有规则和法度，同时也需要协调和管控，最重要的是整体管控，城市史上有无数通过设计进行管控的案例。早期属于规划和设计的前置管控，从古典时期的雅典和罗马，到中世纪阿拉伯世界的城市，延伸至文艺复兴时期和新古典主义时期的城市、工业化时代的城市，都有许多整体设计管控的范例。我们只要提及中世纪的锡耶纳、文艺复兴时期的佛罗伦萨、巴洛克时期的罗马、19世纪的奥斯曼巴黎改建计划、1937年开始建设的新罗马就可以理解城市的整体管控影响，其间，美感的主导和空间设计管控具有极其重要的作用。

　　1984年的柏林国际建筑展，东京新宿副都心（1958—1995年）、巴黎的拉维莱特公园（1984年）、柏林的波茨坦广场（1994—1998年）、伦敦的金丝雀码头（1985—2002年）、汉堡海港城（1997—2016年）、巴塞罗那会展中心（2000—2006年）、东京的中城（2004—2007年）、纽约的哈德逊广场（2008—2017年）等都是当代城市区域发展总控的范例。柏林的波茨坦广场由众多著名建筑师参与建筑设计，最终由意大利建筑师伦佐·皮阿诺协调总体规划，塑造出一个多元而又完整的城市空间。

　　早在17世纪，法国哲学家笛卡尔就推崇建筑师的总控，他认为："我首先想到的一件事情是相对于那些由单个建筑师一次性完成的作品，那些由不同的建筑师们分别拼凑而成的作品往往不是很完美。因此，我们发现由单个建筑师设计并建造完成的建筑物通常是多么优美，超越了那些由许多建筑师利用本来用于其他目的的老墙而建成的建筑物"。

区域的开发形成了处理并协调建筑群体设计管控的需要，美国建筑师丹尼尔·伯纳姆认为："有两种建筑的美，第一种是建筑单体的美；第二种是许多建筑的有秩序的和适合的组织的美；所有这些建筑之间的关系是最重要的。"美国建筑师文丘里在处理相关联又不一致的元素的复杂性与多变性时，也在寻找一种方法"整合不同的元素，而不是……排除异类"。

随着现代城市的进程和城市更新的不断深化，面对城市病的挑战，应对城市产业结构和空间结构的转型，满足功能开发及城市的扩张、旧区更新的需要，许多城市的一些区域都呈现出多轮次和多层面整体开发的需要。同时由于设计流程的变化，设计任务从新建到重建和修建的转变，设计和建造由线性过程向平行过程的转变，设计的控制权从建筑师到专业人员和营造商的转变，建筑设计过程化解为独立的设计分工。区域开发的总控角色也有了很大的变化，从线性的前置管控转变为全过程的管控，直至项目的后评估。由于区域开发涉及多个项目和众多专业的设计，区域开发的建设周期也比较长，产生了专业化的设计总控的要求，在规划、设计、建设的过程中从总体上分阶段加以综合协调和管控。

上海自 1990 年浦东开发开放以来，注重区域的开发，包括陆家嘴中央商务区、虹桥枢纽核心区、临港新城、2010 年世博会园区、徐汇滨江西岸传媒港、世博文化公园等项目都进行了区域开发的设计总控，其中都有本书作者的贡献。

《区域整体开发的设计总控》是上海建筑设计研究院有限公司优秀团队倾注十余年、深耕上海区域整体开发多个项目的设计总控实践与创新研究成果的集成，阐述了设计总控对确立、发展、深化和落实城市设计的重要作用，整合市政、交通、建筑、景观、公共空间等工程要素以发挥区域整体价值，成为实现区域整体开发的成功方法，既是实践的需要，也是概念创新和实际操作技术体系的升级。

本书开展的技术路线紧扣实施落地、逻辑清晰合理，从区域整合开发的产权划分模式入手，梳理了项目的流程、复杂性和矛盾点，特别是针对产权分割、工程条线、实施技术、管理环节等四个主要难题，以及土地出让前后的规划与设计管理的四大关键阶段，全面梳理了设计总控各个阶段的主要对策，由此形成区域整体开发类城市设计项目的开发、设计、管控、建设、评估的完整体系。

　　研究成果不仅有助于整体开发项目的经验提升，更有助于全面推进规划管控体系在面对区域整体开发所需的精细化和动态管控，为消防、绿化、市政等主管部门编制更具灵活、适应、实用的技术规程提供依据。此外，研究成果也有助于推动适合我国体制的顶层设计机制探索，对区域整体开发项目从规划到实施过程中的设计组织、管控和相关规范制定上具有突出贡献，产生长效的社会和经济价值。

　　《区域整体开发的设计总控》弥补了目前有关区域整体开发从规划设计到建成落地的系统性研究的空白，对当前建设实践和应对复杂的问题具有重要的参考价值，可为城市开发、城市规划、城市设计、建筑设计提供借鉴，同时也能够为促进城市设计实践与技术进步做出积极的、开创性的影响。

2020 年 11 月

序三
PREFACE Ⅲ

很高兴地看到一本以自己实践为基础编写的具有开拓性的论著——《区域整体开发的设计总控》，是上海建筑设计研究院有限公司适应城市建设方式的转型，在设计、实施和管理实践中形成的重要研究成果。

我国近四十年来经过了高速的城市化发展，城市建设经历了多重曲折的进程，发展轨迹不断趋向清晰，其中一个最大的变化是城市开发由粗放型向集约型发展，精细化的建设运营方式得到世界的公认。区域整体开发已成为这一发展的重要组成。区域整体开发涉及土地复合使用、产权立体划分、交通立体化、公共空间立体化、地下空间利用等诸方面，能促使城市土地资源高效利用，是生态城市发展的主要内容。区域整体开发有利于在开发范围内，组织社会学的微单元——社区，通过功能复合、行为互动、组织步行系统和形成区域认同感的活动空间组织等，提高社会活力；区域整体开发有利于开发范围内城市要素的有机整合，系统化提升城市的运行效率；区域整体开发有可能使 TOD 枢纽与相关的公共服务体系整合，形成步行区，提高市民通勤、购物和服务系统活动行为的效率。

区域整体开发具有城市属性，远超出开发者的经济和自身的使用功能，已成为实现城市发展创新理念的载体。从城市规划、城市设计、工程设计到实施，涉及的项目多、时间长，如何保证过程中城市设计的理念、目标和构思的实现、一脉相承，确实会碰到矛盾和困难；城市区域整体开发的子项既有建筑工程，又有城市系统工程，不同的服务对象和诉求实现有机的空间整合，也会带来矛盾和困难；区域整体开发作为城市创新理念的实践场所，其富有特色的空间形态组织往往会与现有的部分管理体系产生矛盾，这一系列问题都需要在项目策划、设计、实施和管理体系中寻求解决，尤其是如何通过设计这条主线，调控系统的各部分和各阶段。上海建筑设计研究院有限公司在自己的城市重点地区建设实践中总结和探索，提出了设计总控的概念，探索解决矛盾的方法，而且取得可喜的成效。

区域整体开发是城市发展集约化、有机化、活力化和可持续发展的重要策略。设计总控作为区域整体开发管理体系中的重要组成部分，有利于城市创新理念的实现。愿作者在今后的实践中进一步探索、总结经验，更上一层楼。

卢济威

2020 年 10 月

序四

PREFACE Ⅳ

　　上海市 2035 年的城市目标是建设成为"卓越的全球城市"。未来上海将以卓越全球城市为目标，在发展空间有限的前提下，城市空间的品质成为政府关注的重点。2020 年 6 月 23 日中共上海市委 11 届 9 次全会审议通过《中共上海市委关于深入贯彻落实"人民城市人民建，人民城市为人民"重要理念，谱写新时代人民城市新篇章的意见》。会议指出，要更加自觉地把"人民城市人民建，人民城市为人民"重要理念贯彻落实到上海城市发展全过程和城市工作各个方面，把为人民谋幸福、让生活更美好作为鲜明主题，切实将人民城市建设的工作要求转化为紧紧依靠人民、不断造福人民、牢牢根植人民的务实行动。城市是生命体、有机体，城市治理需要更用心、更精细、更科学，以绣花般功夫推进城市精细化管理。

　　对于上海城市发展来说，已经从增量发展变为存量时代，"向存量要空间，以质量求发展"是城市发展的新要求，而区域整体开发成为保障重点地区开发品质的有效方式。"设计总控"一直被认为是建筑和城市规划的附属领域，属于"真空地带"，它应有的独立性通常被城市设计掩盖抑或是被建筑设计忽略。本书尝试用独立的研究路径梳理"设计总控"的实践机制，为城市设计的落地提供菜单式的实践参考。

　　设计总控是面对当下城市系统越来越复杂界面问题的解决方式梳理，其内涵广泛，将常规被动式解决问题化为主动预置可能问题，并提出解决预案的方式，从而对城市设计的实践起到建筑设计层面的指导。本书对设计总控的解读是实际操作层面的，这得益于 10 多年区域开发经验，除了导览性的概念解读，还提出了统一规划、设计、建设、管理的实施方针并付诸实施。本书的读者可以是城市管理者，可以是土地开发者，也可以是理论研究者。

　　在大量城市设计研究集中在理论领域的今天，本书试图从实践经验与建设管理的角度用当代城市设计的理论进行解读，权衡多维度的"利益关系体"，对城市设计体系进行补充与弥补，对当下城市重点区域开发实践具有重要的指导意义。

2020 年 10 月

前 言

FOREWORD

城，所以盛民也！

城市是有机生命体，是富有温度的公共空间，是传承文明的"特殊的构造"。一座城市的建设、发展与治理水平，关乎市民的获得感、幸福感与安全感。

改革开放 40 余年来，我国经济持续高速发展，城市基础设施建设也取得了显著成就，城市面貌日新月异。但在这背后，也存在着一些不可忽视的问题，如传统单地块的独立开发过于强调单栋建筑内部环境的营造，对建筑所在区域缺乏总体统筹考虑，导致产权纠纷、布局欠佳、交通拥堵、环境污染、基础设施不足等城市问题。城市区域的整体开发显得非常必要。

区域整体开发是在一定时间、一定区域内功能复合的多个子项共同完成的开发建设项目，是近 10 余年来上海市面向 2035 年城市总体规划，以建设卓越全球城市为目标，以城市更新、挖掘存量用地优势、注重城市人性化空间品质为手段的创新开发模式。这种开发模式具有大规模、多子项、功能复合、高密度、公共开放空间、共建共享设施等特点，这就必然带来规划、设计、建设、管理等工作的创新，也会带来一系列问题和挑战。这些问题涉及各级政府、各规划建设主管部门、开发公司、设计公司、建设公司、业主及运维管理团队等。可以说，区域整体开发问题，是整个城市更新中各个环节、各个主体共同关注的主题，区域整体开发的设计总控工作就显得愈发重要。

早在 2011 年，上海建筑设计研究院有限公司项目团队就开始了区域整体开发设计总控工作的探索，历经多年，先后在上海完成了虹桥商务核心区、世博区央企总部基地、徐汇滨江、北外滩、世博文化公园、前滩等多个片区的区域整体开发设计总控工作，成为国内各大城市纷纷学习借鉴的样板。以"创新、协调、绿色、开放、共享"理念为指导，设计总控团队也在不断优化、丰富着区域整体开发模式，得到了各级政府、主管部门、开发公司的认可。

目前各城市纷纷在进行的城市设计主导、单元规划、一级开发公司整体开发等，都属于区域整体开发主题下的不同表现方式。本书以上海院参与的区域整体开发项目设计总控案例为依托，从纵向的城市规划、城市设计、设计深化、建设实施、运维管理，到横向的社会各界的关注、创新技术的应用、未来趋势的展望，系统梳理了区域整体开发项目的设计总控工作及对整个城市发展的影响，深入浅出地阐述了区域整体开发设计总控的基本技术和管理流程等，对城市的管理者、设计者、建设者和使用者都具有一定指导和借鉴意义。设计总控介于设计和管理之间，本书面向的学科虽以工程建设项目为主，但同时也涉及城市管控及项目管理，包括普通市民关心关注的城市环境建设问题等。

习近平总书记指出，"城市管理应该像绣花一样精细"。区域整体开发就是从城市管理视角出发，将城市设计放在首位，打造区域城市环境，从点滴处入手、由细微处着眼，精细化城市设计，创造更加人性化的城市空间。

随着互联网、大数据、人工智能等新技术的不断迭代更新，对城市建设、建筑设计的发展也将产生深远影响。上海院设计总控团队将不断探索、创新，构建区域整体开发设计总控的新路径、新理念和新体系，为上海建设卓越全球城市、为全国的人民城市建设做出自己的一份贡献。

让盛民之城更美好、更宜居，这是我们的目标，也是我们的追求！

2020 年 10 月

目 录
CONTENTS

上 篇
概念与思路

中　篇
内容与方法

下 篇
实践与展望

上篇
概念与思路

1 | 区域整体开发
的时代背景

　　全球的城市化进程，使得城市的集约、开放、共享及生态绿色问题越来越受到关注。区域整体开发作为这一背景下崭新的解决方案，在国内外城市建设中逐渐得到重视。区域整体开发项目通常是同步设计、同步开发并相互关联的多个子项组成的片区。其中的关联，包括物理意义上的公共空间、公共连通道、空中连桥等联系，也包含基于统一建筑风格、统一绿化景观、统一泛光效果，以及基于能源中心、市政管廊等共建共享设施所产生的关联。区域整体开发项目的产生，来源于城市发展中三个方面的诉求。

　　（1）区域整体开发的诉求

　　我国当代城市化进程加快，城市人口剧增与城市土地资源稀缺之间的矛盾日益加剧，产生了交通拥堵、环境污染、生态失衡、基础设施不足等城市问题。早期城市发展，单纯依靠向周边扩张的方法，使城市边缘地区缺乏活力，看似解决了城市容量的问题，实际上加剧了市中心人口与资源的矛盾。当前的城市发展理念中，城市更新为许多城市发展的主要方式，其中不乏针灸式的城市微更新，而更多的则是区域整体更新转型，包括工业地区的转型发展、城中村的更新升级、大型设施用地和滨水区的再开发等。

　　（2）功能复合、高密度集约开发的诉求

　　解决城市容量问题的另一方面为注重区域功能复合、集约用地。我国在20世纪末期出现了城市综合体建筑，将城市中的商业、办公、居住、旅店、展览、餐饮、会议、文娱和交通等功能空间组合起来，集中开发，进而发展成为区域性的多功能、高密度开发模式。功能的高度复合及高密度集约开发，避免了城市交通钟摆效应，提升了区域活力，在城市用地资源有限的情况下实现可持续开发。

　　（3）城市公共开放空间与资源共享的诉求

　　公共空间促进城市活力，发展城市文化，体现城市特征，提升城市服务水平。城市公共开放空间，包括城市广场、景观绿地、地上或地下公共通道、连通道、连桥、平台等。连续的公共开放空间可以形成空间序列，将街区串联起来，形成完整的服务系统和城市界面。

　　城市区域开发为资源共享提供了便利条件，以往需要单独建设、内部平衡的服务设施，通过共建共享可以降低开发建设成本、提高使用效率，做到城市的集约开发。

1.1 国际城市区域整体开发实践案例及趋势

1.1.1 伦敦金融城金丝雀码头

金丝雀码头（Canary Wharf）是英国伦敦的一个商业中心，地处码头区核心位置，占地 35hm²，总建筑面积 120 万 m²。其于 1985 年由 SOM 公司总体规划，在 2002 年建成。金丝雀码头坐落于道格斯岛（Isle of Dogs，又译"狗岛"）内的一个半岛形地块，距离伦敦市区 4km，泰晤士河将其三面环绕。伦敦码头区规划面积 2hm²，含萨里码头（Surrey Docks）、瓦平与波普拉（Wapping and Poplar）、皇家码头（The Royal Docks）、道格斯岛这四个区。

在 19 世纪，金丝雀码头的前身——伦敦道克兰地区西印度码头是当时世界上最繁忙、最重要的港口之一。20 世纪 80 年代，伦敦不断增长的住房压力、急需解决的城市更新等问题，以及滨水空间改造的关注热潮，促使码头区寻找全新的发展方向。其目标是通过对基础设施建设和土地改造进行投资及再开发，以吸引社区和企业对其进行商业和住宅开发。

1985 年 SOM 公司通过多轮设计导则修订，实现对设计范围内的市政、建筑、景观等环境要素的控制。城市设计指导方针为每一个建筑的设计、地块的开发提出更明确、更具体的约束条件，为环境的连续感、地区开发的整体性提供了保障。通过完善基础设施来吸引地产开发商，加以立体整合的设计方法，将交通从多个基面水平延展，给交通结合点更完善的竖向联系，并在各基面组合多种功能和要素，最大化实现公共交通的价值。

1）开发决策机制

1985 年，美国的开发商瓦尔·查沃尔思德（G. Ware Travelstead）在两大金融机构的扶持下，向伦敦码头发展公司（LDDC）递交了金丝雀码头的首个开发计划，其中包括 3 栋超高层。区别于我国一般由政府组织制定开发计划，伦敦码头区的开发是由投资商编制计划（包括计划、策划、规划、建设、资金、权益、营销等），于是"相当宽松灵活的规划控制政策"就成了双方建立合作机制的基础。项目特点：精简、适度自由的总体规划，城市设计指导方针的约束，以市场为导向的码头区更新，至关重要的城市基础设施。

1987 年，加拿大的开发商奥林匹亚与约克（Olympia & York）公司负责接管开发项目，即金丝雀码头项目的开发管理由伦敦码头发展公司（LDDC）总负责，由奥林匹亚与约克公司具体负责商业开发和经营，代表政府负责地面公共空间和地下空间的统一规划、统一设计、统一建设、统一管理。它既扮演了项目管理者和开发商的角色，也在后来成为多个项目的实际拥有者。这种吸引私营企业来引领市场的开发模式成为核心理念，使得金丝雀码头成为"全球废弃码头区域更新中最以市场为导向的代表"，自由化的市场因素迅速地吸引了众多国际性投资者的青睐。作为一家商业化运作的加拿大私人性质的不动产投资和经营公司，为追求更大利润空间，奥林匹亚与约克公司打造了一个空前宏伟的计划——建设足以取代伦敦金融城的新金融中心。建设规模是英国多年来罕见的，包含 110 万 m² 的办公楼、7 万 m² 的商业服务空间，由此带动了伦敦办公面积总量增长 20%。金丝雀码头的定位是超越中心商务区，在此基础上它更是一个高质量的城市社区和整体的社会环境，以吸引那些计划在欧洲设置总部的国际性巨头公司。

2）设计特色

（1）通过材料的选择来塑造环境整体感

美国 SOM 公司担任码头区的城市设计导则编制工作。结合美国成功的商业区城市设计经验，并充分考虑在地性后，使其与英国当地城市的结构、公共空间产生呼应。尽管一个是传统欧洲城市以建筑围合形成广场、街道的空间，一个是以自我为中心用摩天大楼作为空间主体，但 SOM 公司巧妙地运用城市设计，有机地融合了两者。根据城市设计导则对建筑材料进行控制，码头区基础设施及建筑的材料多采用石灰石、大理石、玻璃、钢和砖等，整个区域展现了协调的色彩和质感。石材让建筑呈现出稳重的气质，而玻璃和钢则带来了更为现代的气息。

（2）古典且稳重的建筑物形象

区域内每座塔楼窗户的网格框架都遵从严谨的比例模数，形成连续、规整的建筑外立面。采用近似帝国大厦与曼哈顿克莱斯勒大楼的 Art Deco 风格，通过逐层退缩与丰富的线条装饰形式，塑造稳重、古典的建筑形象（图 1-1）。

（3）整合轨交与城市空间，增活力弱分割

将车站作为核心城市空间体系，将轻轨站点作为重要设计核心，解决了轨道交通对城市形体空间的切割问题，依托站点增强空间的活力。借助轨交建立起四个城市基面，在不同的城市基面高度上合理设置各类功能，形成公共空间、办公、商业、居住、服务及其他功能有效混合，进而组成空间节点可向周边辐射。高效紧凑、功能混合的立体化土地利用模式，这一开发理念和城市设计模式在当时是非常先进的。

图 1-1 伦敦金融城金丝雀码头采用古典且稳重的建筑物形象

（4）增强平面和立体行为联系

金丝雀码头的设计梳理出三条主要流线，并与通勤、购物消费活动有机配合，形成丰富有趣的体验路径，避免了由于高度层不同而引起效率降低的问题。各基面间通过设置放大空间形成交通结合点，通过扶梯、电梯和楼梯来连接不同基面。整个地下空间设置如下：位于基地中部的 Cabot 广场，是以轻轨的站点为中心而形成，解决了轻轨和城市汽车交通的换乘问题。位于基地东南侧的 Jubilee 广场，是以地铁站点为中心而形成，用于解决汽车交通、地铁的换乘问题。两个交通结合点之间采用地面步行交通和地下步行商业街相联系，在南北两侧轻轨站和地铁站之间形成了沟通顺畅的立体化城市空间。中庭结合景观设计，营造宜人的空间感受。

（5）码头元素历史重塑

出于对原有码头文化的尊重，金丝雀码头改造设计中充分体现了对原有环境特点、滨水空间的关注。将多数中高层办公建筑临水而建，是因为那曾是船舶停靠的地方；中间安排停车点，是因为那曾是货物仓库；保留环状路网，是为了与原先为货物仓库和船只提供服务的道路拥有同样的流线结构。

（6）滨水空间打造，最大化利用水景资源

滨水空间打造的策略有三个。第一，依托广场的临水空间。在 Jubilee 公园设置 2 个内向广场，仅仅向水面开放，强化水体在环境中的作用，用植物和建筑作为围合要素，打造宜人的休憩空间。在 Churchill 广场将水面引入，以滨水空间为广场中心，通过台阶、步行桥进行连接，并设置商业等停留功能，形成滨水商业区。第二，设置连续灰空间。在滨水面设置连续骑楼空间，打造宜人的步行空间，将优美滨水风景和休闲空间很好地结合在一起。第三，更远距离的观水空间。除了滨水"第一立面"之外，还在后排建筑中设置大量观景平台、空中花园等可以远距离观景的空间，最大化地利用了水景资源。

1.1.2 纽约哈德逊广场再开发项目

纽约市的水域面积超过 400km²，并拥有约 930km 的水岸线资源。随着时代的发展、社会经济模式的改变及后工业化过程的到来，许多滨水工业带逐渐衰落，并产生了大量的废弃码头。从 20 世纪 60 年代开始，纽约市陆续开始了滨水工业地带的复兴工作，并一直不断地完善与发展。开放空间的塑造是纽约滨水工业地带复兴工作的重要组成部分和主要手段。其中，哈得孙河公园便是以开放空间模式为主导，对滨水工业地带进行更新和开放的典型代表。

哈得孙河是纽约州的经济命脉，也是联邦最重要的航道之一，在工业时期的全美经济发展中扮演了不可替代的角色。河岸的工业地带有着大量的码头和厂房等设施，但随着航运需求的减少而呈现出衰落的状态，因此当地政府和居民早在 20 世纪 60 年代就开始关注该区域的更新和开发，以赋予其新的活力。哈德逊广场的所在地，作为曾经的纽约铁路车场，停放了大量废弃的地铁车厢、公交车及周边仓库的货柜。尽管地处曼哈顿中城，周边有著名的贾维茨会展中心、麦迪逊广场花园球馆等人气聚集地，但这里却破败潦倒，与一街之隔的曼哈顿中心地区形成巨大反差。

整个复兴项目占地 11hm²，面积接近半个中央公园大小的哈德逊广场（Hudson Yards）是曼哈顿最后一个块型开发用地，其重要性甚至被美国《财富》杂志誉为"美国历史上最大规模的房地产开发项目"。整个项目采用北美最高建筑标准，最大程度保证其建成品质和面向未来的发展野心，对于历史环境也极为重视，项目保留地面铁路系统，选择在架空平台上建设摩天大楼，最大限度使空间格局得以保留，如此大胆的设计当时在全球史无前例，哈德逊广场也因此有了纽约"天空之城"的别名。除了商业建筑外，哈德逊广场还将在整个悬空区域建造公寓住宅、学校、公园、艺术场馆等社区配套设施，丰富街区功能和活力。

哈德逊广场的更新是公私合作时代下，以公共交通为导向的再开发运用税收增量融资（TIF）实现自给自足、良性循环的更新范例。哈德逊广场的更新始终没有脱离强有力的框架把控，且对整个区域的发展来说是可持续的。从早期纽约市的西部中城发展纲领，到发布哈德逊广场环境影响评估报告确立以公共交通为导向的发展战略，再到市议会修正与通过再区划方案，项目的多方协作建立在完整清晰、一致的总体框架基础上，也为后续的运营与实施提供了持续动力。

哈德逊广场地区交通分析和重要建筑分别如图1-2、图1-3所示。

图1-2 哈德逊广场地区交通分析图 *

---

* 曾如思，沈中伟. 纽约哈德逊广场城市更新的多元策略与启示 [J]. 国际城市规划，2020（4）.

图 1-3　哈德逊广场地区重要建筑

1）开发决策机制

对哈德逊广场地区更新始于 2008 年，纽约正式申办 2012 年夏季奥运会，市政府决定将奥运村选址于此。尽管最终申奥失败，但当时的纽约市市长和政要一致认为，应当继续推行地区改建，并同意变更该区域的土地使用规范，允许建造高层建筑，同时建筑开发商还可享受政府提供的税收优惠和其他便利政策。在经历包括铁狮门等顶尖开发商的竞标角逐后，建筑开发权最终由美国最大的私人房地产开发商瑞联集团获得，哈德逊广场也因此成为美国历史上最大的私人房地产开发项目。瑞联集团接下哈德逊广场项目时正逢 2008 年金融危机，要在如此恶劣的大环境下新建一个庞大的商业综合体，无疑是面临巨大风险，也承担了巨大压力。为了表示对项目的支持，纽约交通运输管理局最终决定在项目完成开盘后的 5 年内，不向瑞联集团收取租金。同时，纽约大都会运输署也投入 24 亿美元用于开发曼哈顿西侧地铁 7 号线主干线的延伸段，建成后的交通段把哈德逊广场与时代广场连接起来，使这片曾经被孤立的地方成为纽约的下一个中心，政府最大限度通过各方面财政经济调控手段全力支持哈德逊广场项目。

此外，投资移民政策也起到关键作用，该项目也是美国投资移民历史上最具影响力的标杆项目。早在 2013 年，瑞联集团就携手国内移民行业权威机构外联出国顾问集团开始向国内投资者推出多项招募计划，保证了投资者的大量涌入，从而使该地区充满活力。

城市更新的效能提升需要战略目标层面的共识、政策制度、资金保障，以及实施推进层面的积极沟通与协调。哈德逊广场近 20 年的持续更新能够顺利推进与实施，得益于：①战略目标层面的多方共赢，形成统一共识。在项目前期，纽约大都会运输署和城市规划委员会就地铁 7 号线扩建计划与环境影响评估举行 150 多次外联沟通会议与数次公开听证，对公众公布物业收购与搬迁等详细报告；通过政府主导、社区与公众借助 ULURP 程序实施监督的方式，纽约市议会与当地民选官员、社区委员会进行反复协商，制定哈德逊广场更新的总体框架与计划，确保利益相关方目标一致，即打造融合商业、零售、经济适用房、开放空间与绿地、学校与文娱设施的多元混合使用区域，重新激发内城活力。这既满足了政府对经济发展的需求，也融合了公众需求。因为兼顾多方目标与利益，故项目再区划得以快速通过，保障项目顺利推进。②财政措施层面的多方互补，保障项目资金。项目顺利推进的前提是交通基础设施——地铁 7 号线的延伸，极大提升区域可达性，注入区域发展动力。纽约市政府专门成立哈德逊广场基础设施公司，通过创新融资方式获得收益，并投入地铁 7 号线的建设，以及在纽约大都会运输署铁路站场上空开发权的采购中，通过将政府从该项目里所获得的税金等收入作为启动资金的方式预先投资基础设施建设。纽约大都会运输署则通过前期出售铁路站场上空权的形式，在不影响铁路正常运营的前提下获得项目后期收益。哈德逊广场的更新开发与交通基础设施的良性互动，是以公共交通为导向再开发模式的成功实践。③推进实施层面的多方协调，确保顺利运行。项目专门成立哈德逊广场开发公司负责多方沟通与协调。其委员会成员均为多方核心关键人物，主席为纽约市副市长，其他成员包括市议会发言人、市规划委员会主席、曼哈顿区区长、曼哈顿第四社区委员会（Community Board 4）主席等关键角色。委员会作为核心机构参与协调项目融资、规划设计、开发建设等环节，促进多部门协作、统筹公共建设，包括项目预算管理与成本控制、地铁等交通基础设施建设，街道、公园等基础设施的改善，经济适用房的开发等，加快了项目的推进速度，增强了实施效度。

此外，哈得孙河公园兴建是河滨改建工程的重要组成部分，1992 年成立了哈得孙河管理局（HRPC），全面开展哈得孙河码头的更新开发工作。之后哈得孙河信托基金由纽约州立法机关于 1998 年建立，用于推进哈得孙河公园的规划、建设、管理及经营工作。其出台的"哈得孙河公园法"的内容涉及公园的整体定位、生物多样性保护、历史文化感知、健身活动及商业设施等多方面，而哈得孙河信托基金则根据法案进行具体工作。此外，还成立了哈得孙河公园咨询委员会，由社区、环境部门、公众组织、商业组织和劳工部的代表，以及公园附近的社区民选官员共同组成。委员会成立于公园建设早期，就公园的建设等议题每年举行大约6次委员会会议，参会民众参与讨论和提问。委员会的工作贯穿哈得孙河公园建设、运维的全过程，是公众参与机制在滨水空间更新改造中发挥重要作用的完美体现。如今，开放、活力、美丽的哈得孙河公园是公众集体智慧的结晶。

哈德逊广场再开发运行机制如图1-4所示。

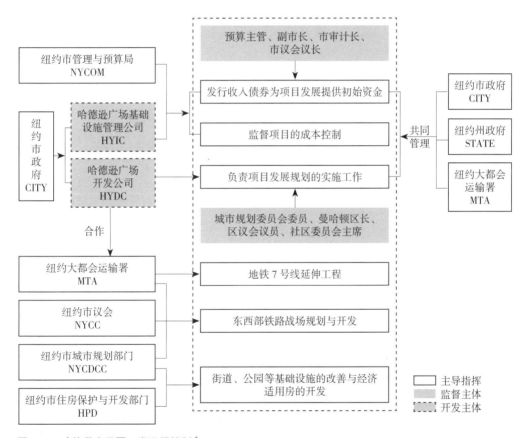

图1-4 哈德逊广场再开发运行机制 *

* 曾如思，沈中伟. 纽约哈德逊广场城市更新的多元策略与启示 [J]. 国际城市规划，2020（4）.

2）设计特色

（1）充满想象力的"网红打卡地标"，吸引全球目光和观光人流

整个哈德逊广场开发项目包括了办公楼、高级酒店、公寓、休闲公园、商业综合体及艺术中心等，邀请了全球最顶尖设计公司设计，试图打造前所未有、面向未来、最高技术水平的建筑形象，这也是最佳的彰显发展野心的建筑策略。其中，最吸引眼球的便是"容器"（The Vessel），其设计灵感源自蜂窝，由8层重叠交织、连接互通的钢铸楼梯和平台构成（图1–5）。从直径15m的六角形底座开始，每层逐渐出挑加宽，而顶层的跨度则达到了46m。这幅巨大的设计作品，已经成为纽约市独一无二的新公共地标。The Shed是哈德逊广场的文化中心，紧邻"容器"的后面（图1–6）。作为艺术展示与表演的场地，仅它的外观就让人叹为观止，更厉害的是，伸缩式外壳从基础建筑物上部署并沿着轨道滑行到相邻的广场，以容纳不同人数的参观者。哈德逊广场30号提供纽约市最高的户外观景台，其高90层的钢结构摩天大楼建成后将成为纽约第二高的办公大楼，并且是该市最高的露天观景台的所在地，其标志性观景台位于大楼顶部的露天观景台从约335m（1 100ft）高的建筑物悬臂伸出，比帝国大厦的观景台高出50ft（约15m），让人从独特视角欣赏纽约天际线。哈德逊广场15号的河畔天际公寓项目为88层高塔，设计与众不同，戏剧性的建筑形成了四个优雅的玻璃弧，旨在最大限度地展现哈得孙河和纽约闪闪发光的天际线的美景。

图1–5　哈德逊广场重要地标建筑"容器"

图 1-6 哈德逊广场重要地标建筑 The Shed

（2）全球首创的高线公园

高线公园（High Line Park）是位于曼哈顿中城西侧的线形空中花园（图 1-7）。"高线"原为一段高 30ft（约 9m）建于 1930 年连接肉类加工区和 34 街哈德逊港口的高架铁路货运专用线，于 1980 年被废弃。设计师将其改造为一处公园休憩场地，场地所在的区域离哈得孙河有一段距离，而高线公园的高度给居民们创造了可以眺望河面的可能性，成为公共的大阳台。此外，高线公园的规划设计还考虑了区域协同发展，其更新改造充分结合周边街区和建筑的规划与风貌特点，与周围环境形成经济交流和文化合作。街区周围的河流景观也被考虑到了设计范围内，虽然它看起来似乎和公园整体是割裂开的，但通过对公园本身的一些竖向设计，以借景方式来完成两边景观的整合。场地原有的历史文脉也成为重要设计因素，高线公园通过对场地工业遗存的保留和充分利用，最大限度传承和发扬场地历史文脉，再结合功能和美观进行处理，使场地既具有功能性又具有历史性，成为全球工业遗存改造的成功案例。

图 1-7　高线公园

（3）哈得孙河公园：结构元素从整体上定义景观特征

哈得孙河公园是该地区重要的带状绿地，拥有 13 个重建码头和几十个景观区。这些码头和景观区被划分成 7 个区域，从南到北依次为：巴特里公园城市区、特里贝卡区、格林尼治村区、肉类加工区、切尔西区、海上娱乐区和克林顿区，其中格林尼治村是最先完成的部分。高地和码头的建设始于 1999 年，2003 年建成，紧随其后的是 2005 年的克林顿街区，以及 2006 年的 66 号码头和 84 号码头。在这一阶段，哈得孙河公园信托基金会完成了从西 26 街到西 29 街的高地区域，以及 40 号码头的球场庭园和切尔西滨水游乐场的开发建设。2010 年，又开放了位于切尔西和特里贝卡的 4 个码头和新的高地区域。到 2011 年，公园已完成了 70% 的建设任务，逐步形成了连续的绿色空间，并持续进行规划与建设。

规划主题赋予场所个性。规划之初，哈得孙河公园就旨在营造一个连续的滨水绿色开放空间，南至炮台公园，北至 99 号码头，绵延约 1km，以"边缘、渠道、运动和岛屿"为主题。各种公共空间和娱乐设施的设计与建设，极大增加了滨水空间的公共性，重新唤起了民众对滨水区的独特记忆。

哈得孙河公园 7 个区域的景观设施满足了滨水休闲的多样化需求，呈带状的公园穿越了众多街区、历史遗迹和地标建筑，公园内遍布的草坪、雕塑、球场、游乐园及亲水设施等，将公园打造为极具人性化的场所。

特里贝克区包括 $4hm^2$ 的滨水开放空间和 $2.8hm^2$ 的娱乐活动空间，该区域内的花园、树木和开放草坪为每个年龄段的使用者提供了各式各样的休闲娱乐活动，如网球、滑冰、篮球、沙滩排球等。切尔西区的切尔西河畔公园，其创造性的设计将技术、功能和景观有机结合，巧妙的弹性空间有效抵御飓风灾害。格林尼治村区的特色在于绵延的滨水走廊，为民众打造了一个观景的开放空间。克林顿区的景观视线及多样的水上活动让这里成为一个公共可参与的滨水空间。

1.1.3　东京六本木新城

六本木新城是日本东京区域整体开发的典型案例（图 1-8、图 1-9）。其距离日本皇宫仅 500m，区域内集中有办公楼、住宅、酒店、商场、美术馆、电影院、剧场、电视台、学校、寺院、历史公园及地铁车站等，以密集功能和集成服务来创造一种高效率和独具魅力的未来城市生活形态，把"高层低密度"的城市模式用到极致，采取建设超高层建筑的措施来节省出更多的空间。

在整体综合开发前，旧六本木老城区街道密集、交通拥堵、居民楼群老旧，几乎没有地方产业，更像东京都的一个城中村。当时提出区域更新改造，是为实现两个目的：一是老城区二次城市化，二是产业升级和转型。

　　六本木新城的再开发并非一帆风顺，经历了 17 年之久，经过与原业主数十轮的谈判，才最终促成这一地区的再开发，使六本木地区重现生机。多功能综合开发，让这一区域产生了多种城市活动空间。六本木新城被划分为 3 大区域：以 54 层的森大厦作为核心，通过商业空间、毛利庭园、榉树坂大街及朝日电视台，把办公楼、博物馆、商场、影院、森艺术中心和凯悦酒店等贯穿起来；北部区域是新城的入口，通过 66 广场将美容中心、地铁车站、教育设施和商业设施等融合起来；南部区域由 4 栋住宅楼、1 栋多层办公楼、书店、超市等生活配套设施组成。

图 1-8　东京六本木新城（一）

1）开发决策机制

（1）由国家及地方政府官员、商业界和学术人士共同组成一个专业委员会，周详地制定城市复兴设计方案，综合考虑六本木地区各区块的特性，进行区分处理，建立不同准则：保留现状区域，修复及改建促进区域、多功能超高层规划区域。

（2）以协商共赢来推进拆迁和建设。拆迁重建是改造过程中面临的最大难题，因日本土地私有化，六本木旧城拆迁过程中要面对数百个原产权所有者的质疑。虽然原业主也期望改变破旧、不安全的现有居住环境，但是他们更担心在改造中自身利益受损、无法收益共享等问题。为使谈判顺利，开发商首次提出"协商共赢"口号，在东京政府的监督下，耗费10多年与原业主成立了"协议会""恳谈会"，让每位业主都详细了解新城开发的过程，以此来打消他们的顾虑。开发商还收集了业主对拆迁补偿的想法，制定了合理化补偿方案，最终获得了业主们的支持。另外，政府也通过民意征求等办法，反复调查研究旧城改造的方式和范围，不断升级开发计划，甚至提高容积率指标，既兼顾开发商的利益，又满足了业主居住的需求，最终成功地推动双方合作达成。

（3）多方合作收益共赢。旧城改造的征地、拆迁、建设全过程中，涉及开发商、原业主、政府和低收入流动人群等，若各方都能自觉履行合作责任，就可以实现获得自身收益同时带动整个旧城改造的共赢。"共赢模式"不仅加速了城市建设的节奏，减少了由拆迁征地矛盾诱发的损失，而且还让居民参与到城市建设当中，开发商能获得更多社会认可，政府工作受到尊重和肯定，低收入人群也能被社会的公平正义所惠及，各方共同为经济发展贡献了力量。

（4）搭建一个高效的法律和行政的开发管理支持系统。政府行政机构对多数人的决定给予支持。比如90%的原居住地居民赞成社区改造计划，行政机构就可认定这代表了全体民众的意愿。

2）设计特色

（1）充分利用公共空间

设计方案指导性地提出人均住宅和办公面积指标，并根据各区域不同的特征和功能，设定每个区域工作与居住的规划比例，同时在区域内建设一处集居住、工作、娱乐于一体化的综合公共场所。该方案将以往没有被充分利用的城市空中部分加以活用，使空间成倍增长，并通过建设道路来减少或消除交通堵塞、缩短通勤的时间，还提倡人们在市中心居住来缩短通勤时间。

（2）交通整合目标

在六本木新城的最初规划时，就结合考虑地铁交通系统及都市公共交通系统，构建了良好的区域内交通体系。如要到达六本木新城，可以经大江户线地铁到"六本木站"或者"麻布十番站"，经日比谷线地铁到"六本木站"，以及经南北线地铁到"麻布十番站"，另设有 4 条公共汽车路线运营，社区港区有 2 条公共汽车路线通往六本木新城。即使自行驾车前往，也配套设置有 12 处停车场提供 24h 服务。驾车前来购物的顾客可将车直接停在不同楼层的停车场，迅速且方便地进入各空间，搭乘高速垂直电梯及自动手扶电梯到达各楼层。区域内还设有摩托车、自行车的停放点，以及出租车搭乘点与租车服务处，为人们提供了非常多样的交通选择。六本木新城规划将人的流动放在首位考虑，并以垂直动线来思考建筑构成，促使整体空间充满层次变化。森大厦株式会社希望打造"垂直"都市，把都市生活的流动线从横向变为竖向，以改变人们居住与生活行为的模式；通过增加大厦高度来增添更多的绿地和公共空间，缩短居住区与办公室的距离，减少人们的交通时间。

（3）富有创意和特色的景观设计

景观设计是六本木新城实现理念最出彩的部分之一。六本木新城的街道主题是要创造"垂直花园都市"和"文化都心"。从地面至屋顶的多种多样的广场、街道、绿地形成了"立体回游"森林，多层的立体绿化充分

图 1-9　东京六本木新城（二）

表达出设计师对大自然的理解，即使在寸土寸金的东京市区，也依然设计有毛利庭园，既体现出日本造园艺术的精致感，又表达出"设计体现自然"之精髓。

（4）城市既是剧场又是舞台

六本木新城的建筑群，其特点是结合地形的自然高差，通过连廊、坡道、庭院、地下空间、平台等，构成了多层次、大规模、立体化的公共活动空间，凸显了"城市既是剧场又是舞台"的设计理念。方案采用4层挑高的空间设计（其中，商店区域有6层之高），采光屋顶使用玻璃帷幕，使空间层次产生丰富变化，设置观景平台可同时看到近处的毛利庭园、远处的东京塔，用景观变化使人在"看"与"被看"之间感受现代城市的舞台哲学。另外，分布在各公共场所和人行道的11件街道装置艺术家具和8件公共艺术品也广受欢迎。

1.1.4　东京新宿

20世纪50年代，随着日本经济的快速发展，东京原都心三区（千代田区、港区和中央区）即原中央商务区（CBD）已经不能满足形势需要。为控制及缓解中心区地价高涨、交通拥挤及建筑物和人口高度密集的状态，同时适应周边地区的发展需求，1958年下半年东京都政府提出建设副都心的设想，并明确从新宿着手（图1-10）。

新宿是东京都内的23个特别区之一，位于东京都中心的西部，是东京市内的主要繁华区之一，距银座仅7km左右。新宿原是日本的郊区，1885年新宿火车站的建成是新宿城市化发展的开端。在关东大地震后（1923年），人口开始向西迁移，新宿地区也因此得以发展（图1-11）。在成为副都心之前，新宿在消费及娱乐行业就颇具吸引力。

图 1-10　20世纪20年代的新宿

图 1-11　20世纪50年代的新宿

以新宿车站为中心，东新宿地区是最热闹的传统商业街区，主要由繁华商业街和歌舞伎街组成。相比之下，西新宿地区则更整洁、现代化，是行政与商业新都心，以金融商业区、写字楼、政府机关等集聚区为主，东京都的行政中心东京都厅就位于此处，周围还有许多超高层建筑群。以南的南新宿地区则是多功能区域，集聚信息产业、办公和购物等功能。

1）决策协调机制

20 世纪 60 年代，东京开始全面着手规划新宿的立体化再开发。经日本建设大臣特批，成立了"新宿副都心建设公社"，作为新宿副都心开发建设的主要实施机构。开发建设过程中，为确保规划顺利圆满的实现，通过引入民间投资，采取多方（都、区、公社、投资方、地主、房产主、居民等）协议的办法，加快副都心的建设。第一期工程完成后，为提高地区内建筑的综合效果及保持副都心的形象，购买到新宿地区建设用地的 12 家民间企业成立了新宿新都心开发协议会，负责新的开发建设及其协调工作。

2）设计特色

（1）超高层建筑群，城市建设向高层化发展

新宿区内每个超高层建筑的地块开发都严格遵循特定街区的相关制度，不仅在项目基地内设置公共开放空间，而且优化主体建筑与开放空间的结合关系。通过规划管理部门审批，这些开放空间对市民全天开放，并设有专有铭牌，标识出该开放空间的相关信息及具体范围。

从规划建设初期开始，就明确了公共开放空间的相关设计导则，这给所有超高层建筑底部的城市空间品质带来了极大的积极影响，即使各栋超高层建筑形式各异并各具风格特色，也是在遵循设计导则的基础之上完成的。同时，这也是新宿副都心提升人文品质及城市空间环境品质的重要基础。

在新宿副都心的建设中，摒弃了在超高层建筑底层立面设置气派的入口广场及门厅并配上车道的做法，小汽车流线与步行者出入口相比并不显眼，乘车前往各座大厦的出入口反倒成了次要出入口。按照设计导则规定，各地块内的公共开放空间在距离原水池底板基面上 1.5～2.0m 的标高处平齐，通过步行通道衔接，利用既有高差来丰富各个超高层地块内的室内空间层次和景观特征，这在新宿三井大厦等项目中都有很好的体现。

新宿副都心实景如图 1-12 所示。

图 1-12　新宿副都心实景

（2）以完备交通系统为基础，整体开发利用地下空间

在新宿副都心的规划设计中，地下空间的利用十分广泛，但该规划思想有着漫长的形成过程。起初的规划是直接在西口广场的地下建造停车场，但仅停车场的建设费用就要 1 万亿日元，占东京 10 年预算总额的 37.5%，并且高额的建设费用是停车费不可能抵偿的。经济专家分析，如按照该方案建地下停车场会导致东京破产。但车流与人流仍在不断地增长，最后设计团队提出了新的方案，即在地下兴建店铺，以店铺租金抵偿高额建设费。不过，地下商业街的引入给设计工作带来了许多难题，带来的通风、照明、防范地震及人流疏散等问题，都需要一一应对解决。尤其是空气调节，似乎在地面上竖起一根巨大的通风管才能解决地下空气调节的问题，但像这样的通风管不仅造价极高，且外观颇似工厂。

山田正男（日本城市规划专家）和坂仓准三（日本建筑师）在西口广场上设计了一个长 60m、宽 50m 的椭圆形出入口，并沿着这个出入口设计了汽车出入引道，来往车辆可以沿着内壁盘旋而上或下。同时，出入引道之间设有喷水池，这不仅可以美化地下环境，也可以作为消防设施使用。此外，新鲜空气由专用吸气装置先送到地下，再由设在车道下的排气孔排出。新建大厦里的工作人员、地下商业街的顾客及行人都可通过各自的通道到达地下交通站。

东京地下商业街的成功离不开其地下交通系统的完善，通过不同的地铁线路将地下街区串联成一体，行人及顾客无须到达地面就可逛遍各大地下街市。在地下商业区，人们可以将它作为躲避废气和烟尘的地方，暂忘地面上的昼夜寒暑。

1.2 国内城市区域整体开发实践案例及趋势

1.2.1 上海城市总体规划的历史演进与陆家嘴区域开发

1953 年，《上海市总图规划示意图》编制完成，第一次比较系统、全面地对上海城市发展提出了原则性和战略性的规划方案。方案提出保留历史上已经形成的城市基础，重新规划、合理布局住宅、工厂、铁路、运输和仓库地区，疏散城市过于稠密的人口，改善城市生活条件。同时，方案也提出，在保留外滩建筑风貌的基础上，形成自外滩、福州路至人民广场市政府大厦

并向西延伸的城市建筑布局艺术中轴线，轴线间布置绿地和建筑群，并设置一系列节点。

1956年，《上海市1956—1967年近期规划草图》提出建立近郊工业备用地和开辟卫星城，这一构想在一定程度上改善和发展了上海城市布局。

1986年，国务院批准的《上海市城市总体规划方案》指出：上海将重点开发浦东地区、充实和发展卫星城，有步骤地开发长江口南岸、杭州湾北岸两翼，有计划地建设郊县小城镇，使上海成为以中心城为主体、市郊城镇相对独立、中心城与市郊城镇有机联系、群体组合的社会主义现代化城市。

1990年以后，中央提出了"以上海浦东开发、开放为龙头，进一步开放长江沿岸城市，尽快把上海建成国际经济、金融、贸易中心之一，带动长三角和整个长江流域地区经济新飞跃"的要求。上海被推到了改革开放的前沿，为实现把上海建成国际经济、金融、贸易中心的目标，建设一个城市经济发展最集中的区域势在必行。陆家嘴中心区的规划设计就是在这一背景下开展的。经过1991—1992年的国际咨询阶段，以及之后1年的方案深化审批阶段，1993年8月《上海陆家嘴中心区规划设计方案》编制完成，这片占地174hm²、规划建筑面积435万m²的区域正式开启崭新征程。

1）开发决策机制

（1）三个层面规划的协调实施是陆家嘴中心区开发建设的法律保障

首先是上海城市总体规划科学、合理地确定了陆家嘴中心区的定位和开发建设要求，统筹了城市总体规划与陆家嘴中心区详细规划和项目建设的关系。其次是陆家嘴中心区国际咨询和中心区区域控制性详细规划的协调。最后是在陆家嘴中心区日常的开发管理和批租项目的建设过程中，微观层面（即可操作层面）充分体现先进的规划理念与当地客观实际相结合。

（2）"土地空转"模式提供初始资金保障

由政府成立陆家嘴开发公司，由该公司负责陆家嘴中心区的开发工作。陆家嘴开发公司以自有资金支付陆家嘴中心区土地的政府初始地价，由此获得陆家嘴中心区的土地使用权。在此基础上，陆家嘴开发公司通过抵押土地，获得建设中心区所需的资金。这种模式被称为"土地空转"模式，也正是这一模式为陆家嘴中心区的开发提供了初始资金保障。围绕中心绿地的陆家嘴中心区是"土地空转"模式进行开发的成功案例。

（3）陆家嘴开发公司多样化的经营模式提供组织模式保障

浦东的开发、开放为陆家嘴开发公司的发展提供了良好机遇。这一时期，其经营模式呈现出多样化的特点，形成以国有资产为主体，集合国营开发公司、中外合资房地产开发企业、股份制上市公司等多种经济实体的组织模式，为陆家嘴中心区开发建设的不同需求提供了灵活、丰富的组织保障。与此同时，陆家嘴开发公司成功发行了 A 股、B 股及可转换债券，有效顺应了多元化的投融资发展需要。

陆家嘴开发公司负责陆家嘴中心区的征地、动迁、规划、市政建设及区域管理等职责，采用成片规划、逐块转让的方式进行土地开发。而楼宇的建设向独立开发商和投资者开放，从而有效避免了区域开发与项目建设的矛盾，吸引更多投资主体开发建设陆家嘴中心区，推动了中心区的快速发展。

在组织功能上，陆家嘴开发公司集开发、建设、经营和管理于一体；在经营融资上，该公司集融资、投资、还贷于一身；在政府职能部门和项目建设主体之间，该公司又起到了很好的沟通、协调作用，获得了政府、投资主体和开发公司"三赢"的局面。

2）设计特色

（1）形态布局规划：沿轴连接的高层建筑带和超高层核心区

沿江高层建筑带、超高层核心区及其高层建筑群共同组成了陆家嘴中心区的建筑形态，并以滨江绿地、中央绿地、轴向绿带组成的旷地系统为结构布局的纽带。近似圆形的中央绿地占地 16hm^2，形成中心区的核心区，沿江高层建筑带及其他高层建筑群以此为中心，形成围合空间[18]。

沿烂泥渡路、北护塘路组织高层建筑带，弧形形态用于反映河湾形态，呼应外滩，独立于这片弧形高层建筑带之外的东方明珠电视塔异常耀眼，成为城市地标。18 幢高层建筑面积 142.4 万 m^2，建筑高度经反复论证定为 160～200m，形成有闭合感、韵律感的界面，沿路连续的商业裙房与步行平台（自动人行道）强化了这种空间效应。地下建筑功能区、地下交通系统及共同沟，形成立体网络整体开发。

中央绿地所在的核心区内共有 3 幢高 360～400m 的超高层建筑，其中包括金茂大厦和环球金融中心大厦等，这一设计有效削弱了四周超高层建筑带来的压迫感。核心区高层带加上东及东南入口的标志建筑共 25 幢塔楼，总面积约 250 万 m^2，约占总建筑量的 60%。建筑与绿化相对集中，扩大单幢规模，减少幢数，在高容量开发下达到密而不挤的效果。

　　滨江地块辅以绿地设计，按照现代城市设计原则，对高层建筑的体形和高度进行控制，并做跌落处理，从而形成层次高低错落的滨江城市景观（图 1-13）。

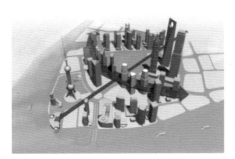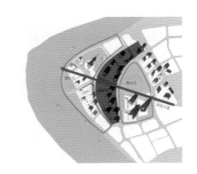

图 1-13　陆家嘴中心区规划结构

　　重点关注发展轴东西两端入口的建筑，完善建筑组团内部空间秩序，从而塑造出独特的空间性格。根据各地块的规模和许可容量，搭配不同体形和高度的建筑，以求达到建筑形态与开发权益的一致性。

　　（2）功能布局规划：中央商务区综合功能的体现

　　强化使用性质分类及其相容性。按土地使用平衡表，规划区内有利于加强日夜城市生活气氛的使用如下：行政办公、金融贸易与商业综合楼功能，约占总量的 75%，裙房安排商业服务约 20%；塔楼中安排酒店 3～4 座，中、高档各半，具体比例按市场供需调整。纯办公易于形成白天的工作城区，而上述商业展览服务、文化、居住设施则有利于造就成有生活情趣的 24h 的生活城区，也利于充分利用基础设施。

　　商业、文娱设施是最富生活气息的要素，按布局结构，大体均衡配置于核心，以及南、北、西、东各次区。注意结合绿地，使活动向室外延伸，并结合地铁、公交、轮渡站、人行地道出口，增加可达性。

　　住宅总量比例偏低，主要考虑到 1.7km² 并非封闭系统，可依靠附近地区平衡，也有利于土地经济效益的发挥。

　　建设歌剧院（音乐厅）、展览设施，结合文化艺术展览以提升中心的文化气质。

　　（3）交通规划：城市的骨架、发展的基础

　　第一，强化地区间交通，按陆家嘴中心区及整个中央商务区的交通要求调整中心城总图交通网络，以解决陆家嘴中心区的交通为契机，推动旧城中心区交通再开发，克服干道系统中"越江、峰腰、南北"三大交通薄弱环节，达到容能匹配，开发良性循环。第二，建立高效、完善、可行的区内综合交通体系。第三，交通开发与土地开发、建筑开发相结合，以利于引资、融资、高效与节约。

（4）市政基础设施规划：现代化城市的质量体现

在陆家嘴中心区的规划中，把市政基础设施规划放在重要位置，在充分吸取国外先进经验的基础上，提出基础设施先行一步的方针，在经济现实的可能下，首先使基础设施的建设具有发展弹性，具有科学性和现代化水平，建设中心区共同沟，这是规划的一大特点。

1.2.2　海南三亚东岸单元迎宾路总部核心启动区项目

2019 年 3 月 8 日，《中国（海南）自由贸易试验区三亚总部经济及中央商务启动区控制性详细规划》（简称《规划》）公布，三亚总部经济及中央商务启动区（简称"中央商务启动区"）将以"盘活存量、产城融合、新旧联动"的理念统筹功能布局；以"城区就是景区，编织山、海、河、城、岸、岛"的理念设计空间；以"绿色智慧、快路慢网、韧性安全"的理念布局基础设施及公共服务设施，旨在将三亚建设成国际化总部经济区、中央商务集聚区及国际旅游消费中心的引领区。

凤凰海岸、月川、东岸、海罗四个单元的总面积约 439.23hm²，《规划》中还划分了它们的核心功能（图 1-14）：凤凰海岸为国际邮轮母港及国际游艇港配套服务、自由贸易服务和文化艺术综合消费等；东岸为总部商务办公、湿地休闲商业等；月川为国际化滨水文化商业、商务办公和国际人才服务配套等；海罗则为国际人才服务配套和花园总部，将重点建设国际人才社区、国际医院及国际学校。

1）开发决策机制

东岸单元作为先导启动区，将承担总部经济核心区的功能，通过高新科技赋能、科学规划，实现保护性开发湿地公园与中央商业区产城融合的目标。作为总部企业集聚区，东岸单元坚持街区式及功能混合多元的原则，形成立体整合的"城市三首层"的整体布局，即地下一层、地面层、地上二层，以成为 24h 充满活力的高端总部基地（图 1-15、图 1-16）。

图 1-14 凤凰海岸、月川、东岸、海罗四个单元功能区位

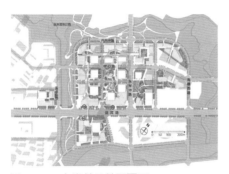

图 1-15 东岸单元总平面图

图 1-16 东岸单元鸟瞰图

2）设计特色

（1）空间布局灵活多样，城市形象丰富活跃

东岸单元规划了两类富有层次性的城市天际线：一类是以 24m 建筑高度为主、毗邻湿地公园的近人尺度滨水天际线；另一类是从 200m 到 80m 的围合中央艺术花园、集约式布局高层塔楼群组，并向周边湿地公园逐层跌落的标志性城市天际线。

为营造开敞、自由、通透、贴近自然的整体城市形象，并打通通向湿地公园的视线通廊，紧邻丹州中路的各个街坊形成庭院式空间布局，通过中央绿心、公共通道、二层平台等相互连通，打造出完整的公共空间开放系统。同时，街坊公共通道及二层步廊将连通各个地块建筑及广场，通过结合城市核心区（Urban Core），使街坊与建筑内外，以及地上、地下的公共空间融为一体，形成多层次复合立体的开放系统。另外，在各大公共空间的细部处理上，更加重视人性化设计和变化，营造出人文归属感（图 1–17、图 1–18）。

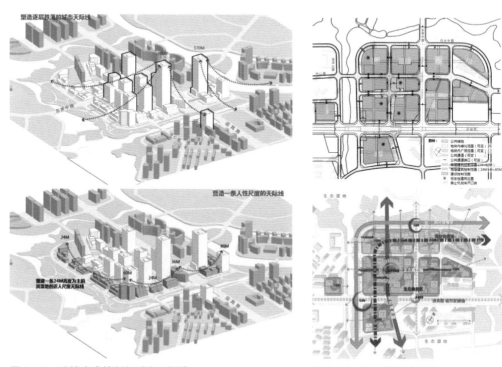

图 1–17　建筑高度控制与城市天际线　　　　图 1–18　公共空间结构图

（2）设计界面控制，塑造具有识别性、场所感、积极且舒适的城市外部空间

整个项目中，规划了三类贴线率，其中高贴线率为70%，主要控制丹州中路滨湿地侧的街道界面和迎宾路门户街道界面，旨在强化整齐连贯的滨水空间及城市主干路的形态特征，进而增强整体空间的领域感。骑楼界面主要刻画以公共活动为主的中央公园周边、滨水休闲街道、商业街道等。滨水街道及围绕中央公园的建筑首层开敞透明度不低于60%。采用开敞透明的建筑首层，既有利于展示商业、娱乐及休闲设施，也可以融合建筑的内外空间。滨湿地第一界面建筑高度以24m为主，采用灵活的退台方式，退台区高度控制在12m以上，总体进深不小于9m，旨在形成丰富多层次的建筑界面（图1-19、图1-20）。

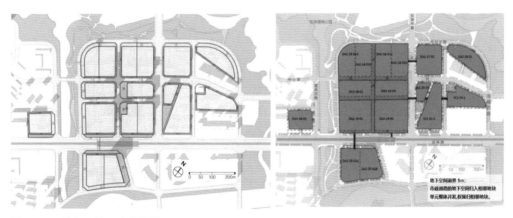

图1-19 地上、地下建筑界面

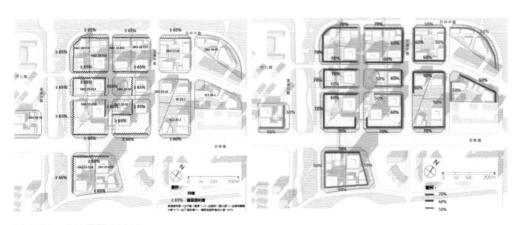

图1-20 公共界面设计图

（3）三类建筑风貌，营造稳重、均衡、简洁、大气的整体形象

为营造稳重、均衡、简洁、大气的整体形象，并且遵循气候适应性原则，规划塔楼聚落、裙楼聚落和建筑附属物及其他三类风貌，分别从建筑布局、体量划分、立体绿化、材料搭配、遮阳措施与立面模数、建筑色彩、裙楼高度及面宽、底层出入口、附属物管控等关键要素制定管控引导。为使高层建筑能形成整体的空间质感，共同构成一条流动的天际线，塔楼群体强调组团式布局，塑造良好的内聚空间。裙房及低多层则形成整体且有活力的空间质感，共同构成近人尺度的宜人空间。将附属物及其他设施纳入建筑方案的整体控制，统一规划考虑，使其与整体景观环境相结合，与建筑主体相协调（图 1-21、图 1-22）。

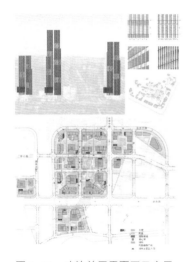

图 1-21 建筑首层平面图及高层风貌引导图

图 1-22 整体鸟瞰效果图

（4）慢行优先，构建立体交通体系

为实行公共交通优先的原则，明确各种客运方式在城市中不同地区的作用和定位，建立以公共交通为导向的发展模式，构筑多元便捷的公共交通。

步行系统不仅是一种重要的短途交通方式，也是所有交通方式出行开始和结束的组成部分，同时还是城市特色的体现。方案充分结合三亚夏季遮阳、雨季避雨的气候特征，形成由地面街坊公共绿道、地下一层商业步道、地上二层步行廊道，以及生活性骑楼街、风雨连廊等形成互联互通的立体慢行系统，不仅串联起所有地块，还有效结合公交站点，创造舒适便捷、行走阴凉、遮阳避雨的慢行环境。

在地下交通的畅通性方面，方案引导地下一层空间的功能布局及步行流线、地下二层空间的车行公共环通道，优化整个区域的交通组织和缓解出行压力（图 1-23、图 1-24）。

（5）高品质景观设计，把生态与人文融入城市

展现门户形象的中央公园、提供生态休闲的滨水景观带、串联城市廊道的景观街道、连接地块活力的特色游憩公共通道及二层绿色连廊，将生活与活力引向街道，将生态与人文融入园区，打造绿意盎然、活力四射的总部基地（图 1-25、图 1-26）。

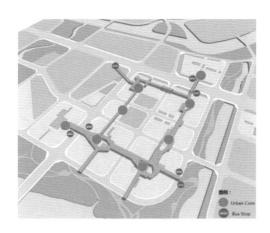

地下一层

地下二层

图 1-23　慢行系统图　　　　　　　　　　图 1-24　地下空间设计图

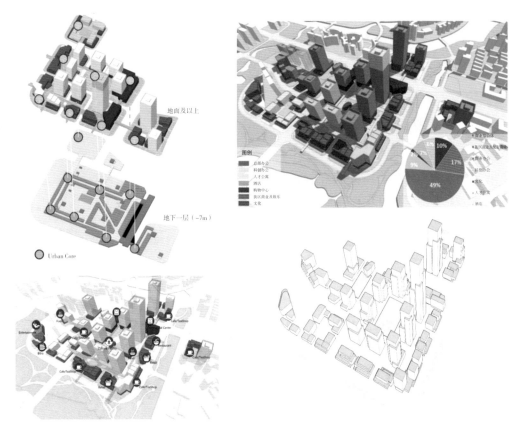

图 1-25　片区功能立体混合及 Urban Core 设计　　图 1-26　片区立体绿化

1.2.3　郑州龙湖 CBD

1）项目的优势与困境

龙湖金融中心项目位于郑州城市发展核心区之一的龙湖组团。该地区是郑州建设国家中心城市的核心发展抓手，同时龙湖金融中心与郑东新区 CBD 共同构成了郑东新区金融集聚核心功能区。地处龙湖的核心景观之中，项目区域与南侧的如意湖形成了"如意龙湖，环湖筑心"的总体格局优势（图 1-27）。龙湖金融中心通过 3.7km 长的运河与南侧的郑东新区 CBD 相连，形成一个"如意"形金融总部区域，是郑东新区建设的点睛之笔。

从其自身而言，龙湖金融中心具有三大发展优势：首先在区位上，项目位于龙湖之心，不仅是郑州城市发展的核心，更是集聚金融办公、高端酒店、都市旅游、商业休闲的功能集聚区（图 1-28）。其次，项目所在地段具有交通优势，围绕场地的副 CBD 环线，组织进出中心的车辆，该环线由单向六车道及双侧的辅道组成。另有轨道交通 4 号线经过，并设有龙湖岛站、副 CBD 内环路站两个站点，以及轻轨如意线以地面高架形式经过场地，并设有龙吟街站、龙行街站、九如路站、如意西路站四个站点（图 1-29）。最后，项目还具有生态上的优势，以龙湖为绿心，5 条运河内外联系周边 5 大水系，青山绿水将这一金融中心环绕（图 1-30）。

与此同时，原规划建设落地的问题也较为显著，比如：建筑群体不协同、建筑体形不挺拔、建筑裙房不整齐、地下空间不连通。这都源于分地块开发缺乏总体管控，因此暂停了原计划建设。

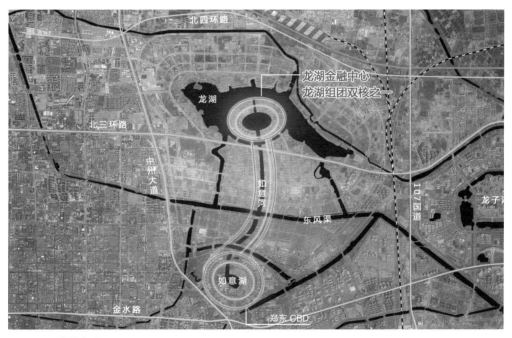

图 1-27　整体格局图

图 1-28　区位优势

图 1-29　交通优势

图 1-30　生态优势

2）区域整体开发解题思路

为解决现状建设的问题，项目面向全国范围内展开针对未建设的外环进行城市整体设计竞赛，华东建筑设计集团股份有限公司（简称"华建集团"）和同济大学城市规划设计研究院有限公司等联合体分别中标。中标方案将整体开发作为理念，以整体性、复合性、立体性、特征性作为基本原则，强调集约、绿色、开放、共享的开发模式。设计理念强调"三态融合"，即在形态上强调立体协同，业态上讲求复合活力，生态上追求绿色低碳。

新的城市设计方案强调地上建筑在群体上协同。龙湖金融中心内外环群体建筑空间形态设计是一个多角度全方位的设计，是建立在单体建筑设计基础之上的综合性设计，既涉及建筑设计，又涉及城市设计，需要加强建筑群体设计、整体设计和层次设计意识，创造出宜人的城市空间环境（图1-31）。在确立群体协调关系的前提下，进一步确立建筑设计的规则。具体要求如建筑单体形态要挺拔，另外考虑单体建筑体量的同时，也要注重营造滨湖挺拔的界面。以裙房部分为例，设计师要首先确定裙房位置，接着规范其塑造的空间连续界面。通过对裙房的形态界面统一研究，决定采用裙房在内、高层在外的布局方式，并且利用中环路打造裙房连续界面，营造城市景观与活力空间（图1-32）。

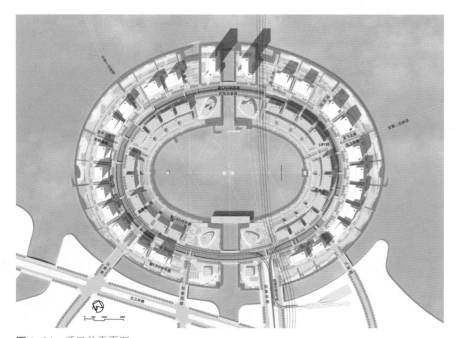

图1-31　项目总平面图

图 1-32 整体效果图和实景图

　　除了考虑建筑群自身形态界面之外，还须使其与如意湖形成地域对景，内环景观在视野上要达到通透的效果。结合环状地块条件的约束，充分考虑地块形状、大小等客观条件，以调整局部特殊体块高层的面宽。通过多纬度体系研究分析塔楼，约束塔楼横向比例关系，进而确定了窄面宽塔楼的尺寸为 45m×45m，中面宽塔楼为 53m×40m，长面宽塔楼为 65m×40m。

　　整理以上多项要素，最终对城市设计的成果以总体导则及分地块导则的形式概括总结，以平面导则、立体导则、风貌导则、体形导则这四类导则指导单体建筑设计。

3）区域整体开发的核心地下空间交通

地下空间的交通是区域整体开发工程的关键核心，对郑东龙湖金融中心而言也不例外。在原本传统的建设模式中，地下部分各自为政，分头建设，未经过集约统筹开放。通过对诸如上海虹桥、世博及徐汇滨江地下开发模式的总结归纳，方案最终采用了整体开发的模式，这样有利于地下综合开发长效机制的建立，打造郑东新名片。结合华建集团与同济联合体中标的地下空间交通方案的主要特点，方案梳理界定了产权、设计、建设、运营四大层面，并在此基础上强调地下空间整体开发，控制开发的时序，强调开放、共享、集约、绿色的开发模式。此外，由人行、车行等要素构成的交通系统要具备通达性、系统性、可控性和安全性。

龙湖金融中心的交通系统采用一环六放射、双轨六站点的模式。中标方案增设了2条与城市连通的北侧道路，分别是龙源十街隧道和龙翼二街隧道。中环铺道与地下一层、地下二层的东、西外环组成2个二级单行环道，分别服务东、西两片。副CBD环路形成一级环道，直接与对外城市道路连接，而中环辅道与外环间间隔的联络通道也成为二级环道的重要组成部分。上述两环是地下空间交通设计的要点，其余均是上述要点下的技术细化。

总体而言，地下空间的交通设计秉持六项原则：畅达、整体、可控、共享、智能、安全。通过多方案分析比较，最终采用了"立体组合""整体联动""全面单行"的综合推荐方案。地下二层相对独立，对外主要承担内部联络的作用，车辆主要通过各地块内部坡道进入地下一层、地下三层、地下四层，再与外界连通。在内部临近的地块，按照基坑的划分，6个基坑内部形成地块间的联络循环环道，地下二层公共停车场也独立设置，自成环道。地下三层部分对外交通采用双轨接入的方式，北向对外交通主要由背部的龙翼二街隧道（地下三层一进一出）、龙源十街隧道（地下三层一进一出）和地下三层外环对接，南向对外交通主要由地块内部坡道和竖向公共交通核引入地下一层解决。在地下二层内部，交通流线形成内外回路，单向组织。这是由地下三层外环与地下三层小中环组成的单行环道系统服务整层，外环与地下三层小环间有联络道进行单向联系。地下四层北向有双隧接入，南向对外由地块内部坡道和竖向公共交通核引入地下一层解决。在该层内部交通东西独立，相对成网。由地下四层外环与地下四层小中环组成东、西2个单行环道系统，分别服务地下四层的东、西两片。同时，东西外环与地下三层小环间有联络道单向联系（图1-33）。

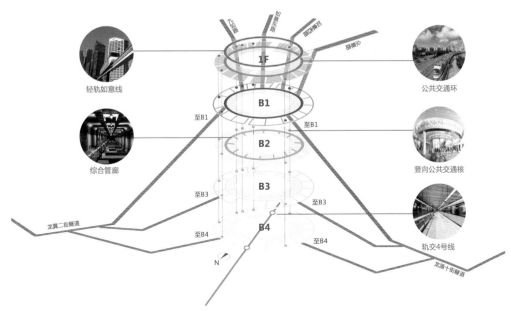

轻轨如意线

综合管廊

公共交通环

竖向公共交通核

轨交4号线

1F

B1

B2

B3

B4

至B1

至B1

至B3

至B3

至B4

至B4

龙翼二街隧道

龙源十街隧道

N

图 1-33 地下交通结构示意图

对于静态交通设计部分，以计容建筑面积作为基础，将《郑东新区龙湖地区控制性详细规划局部片区调整规划》及《郑州市建筑工程停车场（库）配建指标设置标准（郑交规〔2010〕37 号）》作为依据，辅以住建部《城市停车设施规划导则》规定的停车泊位折减系数，对停车配建数量进行预测。经计算，外环停车配建泊位总量测算约为 13 000 个，内外环总需求合计约21 000 个（图 1-34）。郑东龙湖 CBD 项目作为中国少有的大型综合体开发，未来将作为郑州的电信区域交通枢纽终端。对于本项目特有的停车场，应以安全、安心、IT 化、服务、便利五大设计理念指导运营管理，通过规划、建设、运营三位一体实现最终管理，打造郑东新区顶级的舒适型停车场。

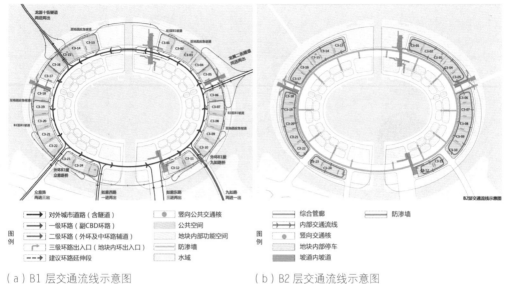

（a）B1 层交通流线示意图

（b）B2 层交通流线示意图

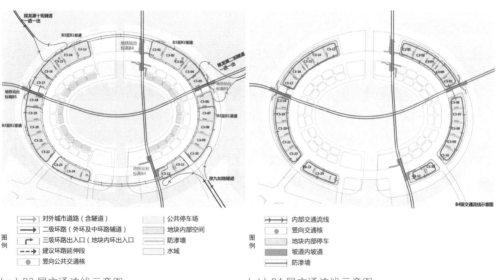

（c）B3 层交通流线示意图

（d）B4 层交通流线示意图

图 1-34　地下各层交通流线示意图

2 | 区域整体开发与设计总控的内涵与特点

2.1 区域整体开发的内涵

2.1.1 相关概念和内涵

1）区域整体开发的概念

区域整体开发指一定规模的开发区域内，一定时限内，由一级开发商或政府主管部门（管委会、指挥部等）统筹，功能构成复合、多二级业主、多工程子项共同完成的开发建设项目，具有大规模、多子项、高密度、功能复合、公共空间开放、设施共建共享等特点，以统一规划设计、统一建设管理为原则，以"创新、协调、绿色、开放、共享"为理念的崭新开发建设模式。

2）区域整体开发项目的内涵

区域整体开发作为创新开发模式，已经在城市开发建设中得到应用。区域整体开发项目一般处于城市重点区域，拥有城市区位优势，可以对城市区域的经济活力有明显的提升作用。一般情况下，项目开发用地规模在 $0.2 \sim 2km^2$，建设周期为 $5 \sim 10$ 年，项目建设组织架构通常为一级开发商或管委会、指挥部等政府主管部门统筹调控、多个二级业主聚集参与。

区域整体开发项目通常具有明确的建设目标或开发主题、产业关联性较强，如央企总部基地、人工智能科技城、信息传媒港、金融城等。在共同目标吸引下，众多二级产权业主集聚，同时商业、居住、文化、展示、办公等城市功能复合。

区域整体开发项目以"创新、协调、绿色、开放、共享"为建设理念，以统一规划、统一设计、统一施工、统一管理为建设原则。主要体现为产权、空间、建设、管理等进行多维度、主体化的综合集约与统筹平衡：无论是红线内外、地上地下、公共和私有，区域内的建筑、市政、绿化、景观、交通、消防、人防、综合管廊、能源、智慧、标识、灯光等工程建设项目，都基于区域整体性进行统一规划设计、统一建设管理，并形成了区域内绿化景观、能源系统、交通系统、人防系统、公共空间、配套设施等众多要素自然而然地共管共用、开放共享的局面。

2.1.2 区域整体开发的特点

传统开发是分地块单个项目运作，建筑工程从设计时间到场地空间均各自为政，单体建筑设计相对独立，主要通过规划部门依据控制性详细规划进行监管。传统模式无法挖掘区域的综合集约性、公共价值受限、发展后劲不足。

区域整体开发项目具有大规模、多子项、高密度、功能复合、公共空间开放、设施共建共享等特点。相较于传统开发具有更大的城市公共活力、公共价值和长远效益（表 2-1、图 2-1）。

表 2-1 传统开发模式与区域整体开发的特点比较

开发类型	传统开发特点	区域整体开发特点
适用对象	大尺度、低密度、封闭街区	小街坊、高密度、开放街区
核心特征	各地块独立开发； 地下空间、交通、能源、人防、绿化、消防、智能化等自成系统； 交通停车效率有限； 能源利用效率有限； 空间利用效率有限； 城市界面不连续； 关注自身利益最大化	连续的地下空间、地面连通，创造立体化、网络化、系统化的空间形态； 统一能源中心、统一人防系统、统一交通系统、统一区域智能化系统； 塑造区域识别性和形象特征； 创造连续积极的开放空间，提升城市景观价值； 高效的交通系统； 开放、共享、集约、绿色的城市形态
主要方式	控制性详细规划及设计导则为依据，各子项相对独立设计、独立建设、各自为政； 控制性详细规划及设计导则关注地下通道、二层连廊等子项间的联系	控制性详细规划、设计导则为依据，区域开发主体总控，由设计总控为技术支撑； 推行"统一规划、统一设计、统一建设、统一管理"的四个统一模式； 集约开发，利用城市道路上下空间、城市公共绿地下部空间、城市河道下部空间
主要方式	对各个地块的交通、消防、绿化、贴线率等各项指标均在子项内平衡	交通组织、消防组织、标识、智能化、人防、能源中心等设施共建共享； 公共景观空间共建共享
优势	功能单一或者复合程度不足； 公共空间分散	功能复合，完善配套服务； 塑造公共空间，提升环境品质； 公共交通优先； 集约、绿色、开放、共享、创新

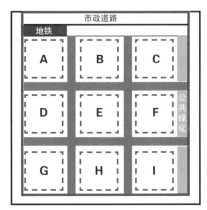

传统开发:
- 以 A、B、C……分地块独立开发(交通、绿化……各自独立)
- 市政道路由政府开发
- 地铁由中运开发

区域整体开发:
- A~I以整体进行规划设计、统一建设管理
- 虚线为原各地块用地红线
- 市政道路、地铁交通、上下商业的一体化开发

图 2-1 传统开发模式与区域整体开发特点的对比

2.2 区域整体开发项目的复杂性与矛盾性

2.2.1 复杂性

1)地块多、子项多,子项间相互关联

区域整体开发项目涉及多地块、多子项的同步设计、建设和运维,各个子项通过公共开放空间及共建共享设施相互关联。为确保设计、建设、管控、运维工作顺利推进,需要梳理复杂的设计条件并解决设计矛盾,如方案报审总体设计阶段和施工图设计阶段的设计衔接界面和协调工作;施工实施阶段考虑同步建设的规模及实际工况,制定统一的施工进场顺序;工程衔接节点需要统一施工技术标准;运维管理阶段须考虑公共开放空间和共建共享设施的统一管理等。

区域整体开发项目的各个子项、各个环节、各个衔接界面的设计实施方案,需要动态跟进与协调统筹,这也是传统建设项目不会涉及的领域。若忽略上述设计和管控要点,将对项目设计、实施和建设造成不良影响。

2)专项多,专项间相互关联

区域整体开发项目中,除了体系性规划设计和建筑风貌设计外,还需纳入相关专项进行统一设计,包括交通、绿化、景观、消防、人防、总体绿建

（绿色建筑、绿色园区等）、能源中心、市政管廊（综合管廊、综合管沟等）、区域泛光、区域标识系统等，以实现区域整体开发的总体设计理念。

这些专项设计均在自成体系的同时，需要通过设计总控相互关联、紧密配合、整体支撑。

3）整体设计管控和建设流程尚处于探索阶段

区域整体开发项目往往需要多业主、多设计单位、多施工单位在同一平台上工作。各种设计方案相互衔接，各方设计相互交错，各方设计施工进度相互牵连。

同时，审批过程也会对进度产生影响。比如，一方面控制性详细规划会与部分专项设计规范有所矛盾，审批部门会经过更多时间研究评审；另一方面控制性详细规划对某些专项设计的限制，往往导致其他专项设计需要突破设计规范标准，而对于消防及交通等常规专项设计规范的突破，审批过程通常需要慎重考虑，甚至一事一议，审批时间的延长拖后了整体开发进度。

实际操作中区域整体开发项目中的各子项建设仍按照传统建设流程制定计划。而实际上，各子项因繁杂的设计协调所产生的重复设计、专项论证、施工现场协调、补充设计、设计变更等占用大量时间，反而降低设计的工作效率。

因此，区域整体开发项目亟待优化建设流程。设计总控作为技术协调平台，整体把控各子项设计要点，保障子项设计顺利推进，落地实施整体规划愿景与理念。

2.2.2 矛盾性

1）城市设计理念与子项诉求之间的矛盾

城市规划、城市设计和建筑设计是应对城市发展的不同建设阶段、不同关注要点的规划设计工作。城市空间与建筑空间的设计过程是不可分的，建筑是局部，城市是整体。

区域整体开发项目的建设实施，则是由众多二级业主、建设项目和市政项目配合而成。各个项目面向单个地块、单一业主，分属不同团体和个人，往往取决于设计单位和委托人的目标价值取向。相对于城市设计，他们更偏重子项自身的利益驱动诉求，设计和施工偏向自成体系的私有私用。

在实际操作中，这种矛盾性主要表现在：公共空间的开放需求和子项产权范围的自我封闭倾向；城市形态和天际线的统筹考虑和子项建设彰显自我的诉求；共建共享的集约化开发和子项物业的各自为政等。

区域整体开发的设计总控工作以实现整体规划设计为目标，对各子项进行总体统筹、指导、协调和管控。

2）区域整体开发与子项设计、实施时序之间的矛盾

区域整体开发项目的整体开发、同步建设、统筹利用，需要整个区域按照控制性详细规划及城市设计导则，在一定的设计和建设周期内完成。

而在实际操作中，各子项单独拿地、单独立项、独立设计、独立建设。由于相邻地块的设计进度不同，建设、设计时序不同。

传统建设模式是单个项目运作，各个子项各自为政，按照自身需求建设后进行简单的拼合，衔接界面缺乏整合和统一技术做法，整体进度也缺乏把控，整体愿景难以实现。

3）区域集约开发共建共享与产权边界之间的矛盾

区域整体开发提倡公共设施共用共享，实现城市的可持续发展。

设施共建共享，从选址到设计、协调、实施都需要各个子项相互配合。如共建能源中心，其选址需要统筹全局，能源管线穿越各个地块，整个能源中心及终端由所在地块代建，建设成本按照约定规则分摊。如地下空间共用地库出入口和坡道，坡道位置建设主体往往对共建共享设施缺乏信心，认为这些设施难以做到公平公正，且产权界面、建设费用、运营维护等规则依据不足、无法长期保障，因此更加倾向于独用独享。实际上，所有子项完全独立会造成资源浪费，并影响区域建成空间效果，更有些专项在小街坊、高密度的区域开发理念下无法实现子项独立。

4）创新设计、管控理念与传统建设管理之间的矛盾

区域整体开发，较传统单地块开发，其开发设计理念更为先进。传统的地方规范、管理条例和审批流程不能完全适应区域整体开发。

例如在小地块、高密度、高贴线率的城市设计理念下，绿地率、地面消防登高场地等均难以在子项内部满足规范要求。再如，传统审批流程会影响区域整体开发项目的进度。一方面当控制性详细规划要求与部分专项设计规范相矛盾时，审批部门需经过更多时间研究评审；另一方面当某些专项设计按控制性详细规划要求实施时，导致其他专项超出标准规范的限制（如常见的消防、交

通等规范），审批过程往往需要一事一议，拖后了整体开发项目进度。

2.3　城市规划与城市设计管控体系及其局限性

2.3.1　城市规划

2010 年版《上海市城乡规划条例》明确上海市城乡规划编制体系"两条大线，五个层次"的总体框架。两条大线为中心城区、郊区；五个层次为总体层次、分区层次、单元层次、控制性详细规划层次、实施层次。

总体层次即在全市范围编制上海市城市总体规划。分区层次包括在中心城编制分区规划和在郊区编制区总体规划，主要落实城市总体规划对中心城区和郊区内的土地使用、人口分布、产业布局、基础设施和公共服务设施等提出要求。单元层次规划包含中心城的片区单元规划、新城新市镇的规划及特点区域单元规划，主要落实上位规划对编制控制性详细规划应确定的土地使用性质、建筑总量、基础设施和公共服务设施等内容提出实现要求。控制性详细规划层次包含中心城控制性详细规划、新城新市镇控制性详细规划、特定区域控制性详细规划和村庄控制性详细规划，主要确定建设地块的土地使用性质和使用强度、控制指标、道路，以及工程管线和控制线位置，空间环境控制等内容。实施层次即建设项目审批、竣工验收及监督管理。

实践中常将规划体系中的"分区层次"和"单元层次"合并，形成总体层次、单元层次和控制性详细规划层次。

总体层次突出战略性和结构性，包括全市城市总体规划和土地利用总体规划、郊区县总体规划和土地利用总体规划，它是指导全市或区县未来 20 年乃至更长远发展的战略蓝图，具有重要的战略引领和先导作用。单元层次作为承上启下的衔接层次，突出政府引导，在明确地区发展的战略指引的基础上，进一步发挥对公共资源的保障平衡作用，包括中心城单元规划、街道和镇乡单元规划、特定政策区单元规划，它在原单元规划的基础上归并原分区规划中的发展战略内容，并对公共性、底线性资源进行细化。控制性详细规划层次更加强调面向开发建设的实施导向，引入多元主体参与，建立利益协调机制，在确保底线的前提下，加强适应性，提高包容度，为市场自由选择提供空间。在重点地区（和如有一级开发商主体），规划成果应纳入城市设计成果，将城市化设计成果转化为附加图则，深度并直接指导土地出让和建设管理。

2.3.2 城市设计管控体系 [*]

总规阶段的城市设计分为市域和分区两个层次。

市域总体城市设计是针对全市域和主城区编制的城市设计。总体城市设计的目标是构建全市域整体景观风貌格局，明确城市设计价值导向，主要内容包括：组织全市域核心空间，组织景观要素，如划定风貌分区及重要的风貌景观廊道，提炼和明确各分区与重要廊道的风貌特色定位，提出相应的设计引导。市域层次的总体城市设计重点关注整体格局和风貌定位。

市域层次的总体城市设计还包括编制覆盖全市的各类专项导则，如《15分钟社区生活圈规划导则》《上海市街道设计导则》《上海市城市设计（建管）导则》《上海市河道规划设计导则》等一系列专项设计导则，对规划建设有较好的指导作用。

分区层次的总体城市设计是针对各行政区、郊区、新城、规模较大的功能区及其他必要区域编制的城市设计。总体城市设计的目标是形成系统、明确的分区城市设计管控要求，主要内容包括：明确分区整体风貌特色定位，梳理城市空间结构，优化与城市级公共活动紧密相关的功能设施、主要开放空间布局及交通组织，明确典型及特色的城市肌理，构建景观风貌体系，对核心地段进行深化并提出设计导引，划定重点规划单元和政策片区，对重大建设项目进行协调等。分区层次的城市设计重点关注组建公共活动网络和构建风貌景观管控体系。

对于控制性详细规划层次的城市设计，上海市 2003 版《上海市城市规划条例》明确了五个规划的管理层次，其中城市设计作为控制性详细规划的一部分被纳入规划编制体系。2008 年《中华人民共和国城乡规划法》颁布实施，确定了控制性详细规划的法定地位，明确了控制性详细规划是土地出让和项目审批的前提和依据。2010 年颁布实施的《上海市城乡规划条例》明确了：对规划区域内的建筑，公共空间的形态布局和景观控制要求需要特别规定，在编制或者修改控制性详细规划时，规划行政管理部门应组织编制城市设计。城市设计的成果内容应被纳入控制性详细规划。

城市设计被纳入已经建立法定地位的控制性详细规划。2011 年，上海在规划管理机制的框架下，结合新形势下依法管理的要求，探索形成了一系

---

[*] 《城市设计的管控方法——上海市控制性详细规划附加图则的实践》，P56-58，同济大学出版社，2018。

列新的控制性详细规划和城市设计的管理制度，出台了包括管理办法、操作规程、技术导则和成果规范在内的"四位一体"的规范性文件，确保了城市设计工作的严肃性和规范性。《上海市控制性详细规划制定办法》中明确"特定区域和普适图则中确定的重点地区还应当根据城市设计或专项研究等成果编制附加图则"。《上海市控制性详细规划技术准则》中明确城市设计的成果以"附加图则"的形式被纳入控制性详细规划的强制性控制内容。《上海市控制性详细规划管理操作规程》制定了控制性详细规划编制和审批的全流程管理制度。《附加图则成果规范》明确了附加图则的成果要求。

将城市设计成果内容纳入土地出让合同，确保了城市设计落地实施。

2.3.3 控制性详细规划及其管控的局限性

上海市在城市设计管控方面做出了一系列尝试，最终通过控制性详细规划中附加图则的编制，作为控制性详细规划普适图则的一种补充，将城市设计成果纳入控制性详细规划法定成果。附加图则主要编制城市重点控制区域的设计要点，通过将城市设计技术成果转译为管理图则中的控制要素与控制指标，为审批、管理提供依据。经过转译的管理图则会有部分信息缺失，但便于管控。上海市对控制性详细规划的成果形式有法律规定，力求做到确保城市设计理念落地，兼顾建筑子项设计的自由度，同时还需要考虑可实施。

《上海市控制性详细规划成果规范》明确了附加图则的成果要求。附加图则成果包括法定文件和技术文件两部分。法定文件包括图则和文本。图则是以图纸的形式确定各地块的空间控制要求，对各类控制要素进行定性、定量、定界，包括普适图则和附加图则；文本是以条文的方式对图则的翻译和应用说明。技术文件含说明书与编制文件等*。

在实践项目中，发现控制性详细规划存在以下局限性。

1）规划层面的专项成果深度和关联性局限

传统的控制性详细规划编制对交通、消防、绿化、人防、泛光、标识、绿建（含绿色建筑、绿色园区等）、智能化等的专项设计和控制较弱，虽在说明中有原则性提及，但往往难以落实各专项间的整体协调。在世博B片区

---

* 《城市设计的管控方法——上海市控制性详细规划附加图则的实践》，p92-95 同济大学出版社，2018。

项目中，控制性详细规划说明中的各设计要点由各分管部门制定，不同专项要点、不同专项法规在项目设计中自相矛盾的情况无法提前得到验证。目前全国城市各主管部门多为单线管理，未形成以规划为龙头的合力，也削弱了控制性详细规划落实的力度。

2）定性设计内容难以量化把控

控制性详细规划为便于操作，需要将设计事项量化，针对无法量化的理念、思路、特点、亮点等，主要通过审批人员的主观判断，而审批人员面对的是各个地块单独子项独立送审，送审内容仅仅包括本地块相关设计内容及合规情况，周边相邻子项及整体区域开发的城市设计内容信息不全，会引起子项设计解读区域要求的局限或误读。

3）设计、建设、运营等界面在控制性详细规划阶段难以清晰

城市设计对象是整个开发区域，城市设计理念、思路、特点和亮点也是针对区域开发整体，为实现城市设计要点，需要整个片区整体建设，各个子项间相互牵连。因此在区域整体开发项目的最初，应结合城市设计成果和开发模式来确定四大界面（产权、设计、建设、运营等界面）。实际操作中，界面的位置就是衔接处，界面的研究不可或缺，但在土地出让前四大界面难以理解。

4）缺乏相关设计、建设中的沟通平台

区域整体开发项目的子项彼此通过公共空间、公共设施、共建共享项目等相互关联。在具体设计和建设中亟待一个介于政府主管部门和各建设子项之间的技术总控平台，便于高效对接、沟通，总体协调、统筹解决各类问题。在总控平台缺乏的情况下，建设子项极易各自为政，难以发挥区域整体开发的优势，城市设计理念难以落地。

5）缺乏对设计成果的整合与评估

控制性详细规划编制阶段结束后，具体方案设计和管控都是针对各个子项分别进行。当设计工作全面结束后，需整合评估全部设计成果，验证城市设计理念的科学性和落实程度。目前的控制性详细规划及其管控流程缺乏此项工作。

6）控制性详细规划编制与土地出让时序的矛盾

控制性详细规划作为土地批租、出让的重要规划依据，其编制往往在土地出让前，开发主体尚未明确。土地出让前制定的控制性详细规划管控内容，与土地出让后开发主体的可行性建设（包含经济可行性、建设可行性）之间缺乏衔接，甚至矛盾，导致可实施性削弱，引起控制性详细规划内容调整。控制性详细规划编制与土地出让后市场需求存在时序上的矛盾。

2.4 区域整体开发项目的一般流程

一般流程为：

① 针对区域整体开发复杂性、矛盾性及控制性详细规划的局限性，遵循"规划—设计—建设"的最基本流程，在区域整体开发流程中引入设计总控环节。

② 在实践中，我们发现区域整体开发项目的设计总控并不能单纯概括成某一阶段的设计和协调工作，而是一个贯穿全过程的工作体系。区域整体开发项目的设计，可分为土地出让前、土地出让后方案审批、施工图及施工建设等阶段，不同的阶段有不同的设计工作重点，形成特定的阶段性工作体系（图2-2）。

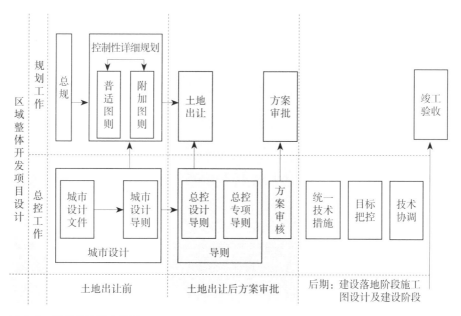

图 2-2 项目设计基本流程

③ 有些区域整体开发项目，侧重点在于制定相应深度的控制性详细规划附加图则。通常进行城市设计方案征集，并整合为城市设计成果，将城市设计成果转化为控制性详细规划，即"城市设计—控制性详细规划—单项设计—建设"的流程。其中城市设计需要对公共空间系统、步行系统、交通系统、建筑风貌、地下空间利用等进行全面系统、协调和关联完善的研究，各个专题涵盖内容均有一定的关联性、完整性和研究深度。城市设计成果基本通过各个相关部门审批后，编制成控制性详细规划，再经过土地出让进入单项设计和建设阶段。

④ 有些重要的区域整体开发项目，先期已经明确了一级开发建设主体，在土地出让后会依据控制性详细规划成果由一级开发建设单位牵头，再进行一轮精细化城市设计或专项设计，确定区域整体开发项目的具体设计和相应工程，因而形成"第一次城市设计—控制性详细规划—第二次精细化城市设计—单项设计—建设"的基本流程。在实践项目中，为确保单项设计的动态协调和统筹，在单体设计阶段同步进行了总体设计方案及导则，并根据工程设计深度对总体设计及导则进行动态更新，覆盖整个建设工程、协调总体与各子项。设计总控工作的介入，使各阶段的总体设计有迹可循，确保区域整体开发项目的建成效果。至此，形成"第一次城市设计—控制性详细规划—第二次精细化城市设计—总体设计方案及总体设计导则—单体设计—建设"的完整流程。整个流程中，两次城市设计的设计目标、成果转换、委托方均不同，设计的侧重点也各有差异。

2.5　区域整体开发项目的设计总控

2.5.1　设计总控的内涵

设计总控是指为落实区域整体开发项目的城市设计和控制性详细规划目标，贯穿规划设计到建设实施的全过程控制、整合全专业的设计咨询服务。

设计总控工作是区域整体开发项目不可缺少的技术支持，是区域整体开发主体与各级开发商的利益关系的技术的平衡者、是精细化城市设计和总体设计方案与导则的制定者，是统筹整合各专项规划设计、各子项建设工程中的技术协调者，具有综合性、全程性、动态性特征，以城市目标为导向、以高完成率建设落地为目的。

设计总控是实施城市区域整体开发、落地城市设计的有效手段，是"概念创新"，也是"实操"技术体系的整体升级。

2.5.2 设计总控的工作目标

设计总控的工作目标如下：①在控制性详细规划的基础上，将控制性详细规划的各项原则以总体设计导则的形式量化落实到建筑设计层面，使各单项建筑设计有共同的出发点。②在设计各阶段协调确定总体与各子项间的技术边界、功能边界、权属边界、进度计划等内容，保证各项目有效顺利开展。③统筹协调总体方案导则与各子项设计相统一，并符合国家与地方的规划、消防、交通、节能、环保、人防、绿化等建设法规与规范。④通过对各子项方案设计、扩初设计和施工图设计各阶段的总体协调，为建设单位有效实施对工程设计进度、设计质量的控制提供顾问咨询服务和行使有效管理职权。

2.5.3 设计总控的作用

设计总控工作作为整体与单体、规划与建筑、审批与设计，以及各子项之间的桥梁，起到搭建协调平台和提供技术支持的作用，主要体现在以下三个方面。

1）梳理复杂的设计条件

设计总控在技术层面梳理复杂的设计条件，将区域整体开发项目中各种复杂的关系进行拆解，形成较为清晰的条线，为后期总控协调工作创造有利条件。如设计总控通过编制总体方案及总体设计导则，将城市设计方案转化成可建设实施的总控导则、专项导则、统一技术措施等。梳理设计条件是设计总控工作的基础，包括开发模式的梳理、设计总控内容的梳理、技术规则的制定、总控工作机制的确立（表2-2）。

表 2-2　区域整体开发的条件梳理工作

条　目	梳理内容	具体工作
开发模式	开发主体	明确区域整体开发的牵头单位、总控委托方
	子项划分；四大界面的划分（产权、设计、建设、运营）	明确子项划分方式，即红线。子项中除了单体建筑外，要关注市政道路子项、能源中心子项、市政管廊子项、高等平台及联合子项、公共绿化子项，尤其需要关注各子项间的关联

（续表）

条　　目	梳　理　内　容	具　体　工　作
设计总控内容	城市设计方案整合（总体方案的编制）	以城市设计理念为基本原则，整合全专业城市设计成果，形成总体设计方案，协助完成控制性详细规划、开发模式、开发建设导则、公共管理办法等法规性文件
设计总控内容	总控导则编制	依据总体设计方案，编制总控导则
	专项导则编制	依据专项设计方案，分项编制专项导则
技术规则	统一技术措施编制	编制衔接部位统一技术措施，包括结构衔接做法、防水衔接做法、后浇带统一技术措施等，编制公共区域结构、机电、景观、标识统一措施
	关键节点设计	由于衔接界面不清晰产生的灰色地带兜底设计
总控工作机制	设计机制	包括制图标准、子项设计范围、专项设计深度等
	审核机制	子项间互提互审制度、总控对子项的审核制度、总控对专项的审核制度、总控审核与方案审批间的关系
	协调机制	建立通讯录，建立联系单、工作例会、设计协调会制度

2）作为统筹调控、协调矛盾的主体，从规划到建设全过程执行各项技术规则

设计总控在区域整体开发项目设计、建设全过程中动态协同跟进，作为全过程解决各条线矛盾的牵头人和执行人。

设计总控作为政府主管部门（规划各主管部门）、开发商、各子项设计单位、建设单位之间的协调者和技术支撑者，监督各子项对总体导则的执行情况，协调解决各阶段的建设管理问题（表2-3）。例如，在项目报批时执行相应的审核程序，在满足总体设计要求的前提下方可进入下一阶段建设；在建筑设计和监督审批阶段，设计导则与控制性详细规划成果同步生效，总体设计导则也可纳入控制性详细规划附加图则实现城市设计目标落地。

表 2-3　区域整体开发须解决的矛盾

须解决的矛盾	考虑的阶段	解　决　手　段
公共利益与子项诉求	前期—中期	制定有法律效应的规则（控制性详细规划、总控导则）；加强前期沟通，树立共同目标；奖励机制

（续表）

须解决的矛盾	考虑的阶段	解 决 手 段
整体开发与单独实施	前期—中期—后期	严格执行控制性详细规划及总控导则； 编制并推广统一技术措施； 加强总控校审； 建立沟通平台，加强子项间联系； 加强施工过程中的总控统筹协调； 局部跨红线代建制度
集约统筹与产权边界	前期—中期—后期	细化控制性详细规划及总控导则，纳入集约整合的理念； 设计、审批强调区域整体视角，各专业、各专项带区域总体设计图纸报审； 建立沟通平台，加强子项间联系； 局部跨红线代建制度
创新模式与传统流程	中期—后期	在设计和审批中强调控制性详细规划及城市设计导则的法定地位； 四大界面清晰，减少重复工作和反复工作； 建立完善的总控工作制度

3）"急补总控"工作

越来越多的城市在区域整体开发建设中认识到，设计总控的缺失是整体城市设计落地性不尽人意的一个重要原因。如一些区域开发项目在建设过程中均遇到了各建设子项各自为政的问题，导致工程暂停，进行"急补总控"。

由于建设开发已经启动，且各个子项进度不一，因此"急补总控"工作初期需要梳理更加复杂的设计条件。除上文所提及的各项设计条件外，还应在总控介入初期注意梳理各子项、各专项的进度现状，例如哪些子项已经完成出让、哪些已通过方案审批、哪些已开工，以及其施工进度等。由于进度较快的子项和专项调整余地小、协调难度大，应尽量按照"后做让先做"的原则，在控制性详细规划和城市设计框架下降低总体调整量。设计总控还应组织总体设计方案及设计总控导则宣讲，确保所有子项、专项在同一框架下工作，并尽早推进实施上文提及的各项总控手段。

2.5.4　设计总控的主要工作内容及流程

设计总控的主要工作内容及流程如图 2-3 所示。

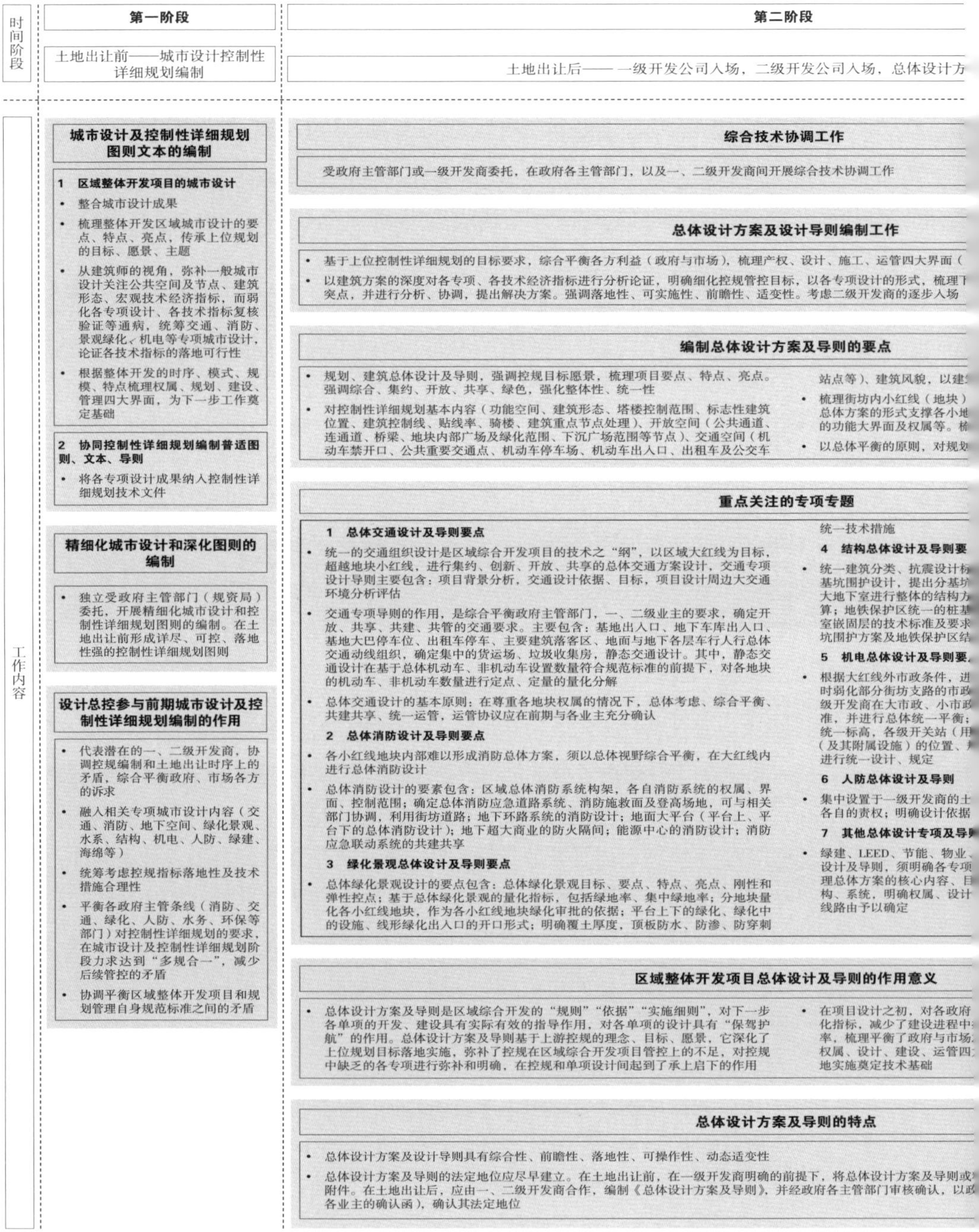

时间阶段	第一阶段	第二阶段
	土地出让前——城市设计控制性详细规划编制	土地出让后—— 一级开发公司入场，二级开发公司入场，总体设计方

工作内容

城市设计及控制性详细规划图则文本的编制

1　区域整体开发项目的城市设计
- 整合城市设计成果
- 梳理整体开发区域城市设计的要点、特点、亮点，传承上位规划的目标、愿景、主题
- 从建筑师的视角，弥补一般城市设计关注公共空间及节点、建筑形态、宏观技术经济指标，而弱化各专项指标、各技术指标复核验证等通病，统筹交通、消防、景观绿化、机电等专项城市设计，论证各技术指标的落地可行性
- 根据整体开发的时序、模式、规模、特点梳理权属、专项、建设、管理四大界面，为下一步工作奠定基础

2　协同控制性详细规划编制普适图则、文本、导则
- 将各专项设计成果纳入控制性详细规划技术文件

精细化城市设计和深化图则的编制
- 独立受政府主管部门（规划局）委托，开展精细化城市设计和控制性详细规划图则的编制。在土地出让前形成详尽、可控、落地性强的控制性详细规划图则

设计总控参与前期城市设计及控制性详细规划编制的作用
- 代表潜在的一、二级开发商，协调控规编制和土地出让时序上的矛盾，综合平衡政府、市场各方的诉求
- 融入相关专项城市设计内容（交通、消防、地下空间、绿化景观、水系、结构、机电、人防、绿建、海绵等）
- 统筹考虑控规指标落地性及技术措施合理性
- 平衡各政府主管条线（消防、交通、绿化、人防、水务、环保等部门）对控制性详细规划的要求，在城市设计及控制性详细规划阶段力求达到"多规合一"，减少后续管控的矛盾
- 协调平衡区域整体开发项目和规划管理自身规范标准之间的矛盾

综合技术协调工作
- 受政府主管部门或一级开发商委托，在政府各主管部门，以及一、二级开发商间开展综合技术协调工作

总体设计方案及设计导则编制工作
- 基于上位控制性详细规划的目标要求，综合平衡各方利益（政府与市场），梳理产权、设计、施工、运管四大界面
- 以建筑方案的深度对各专项、各技术经济指标进行分析论证，明确细化控规管控目标，以各专项设计的形式，梳理下突点，并进行分析、协调，提出解决方案。强调落地性、可实施性、前瞻性、适变性。考虑二级开发商的逐步入场

编制总体设计方案及导则的要点
- 规划、建筑总体设计与导则，强调控规目标愿景，梳理项目要点、特点、亮点。强调综合、集约、开放、共享、绿色，强化整体性、统一性
- 对控制性详细规划基本内容（功能空间、建筑形态、标志性建筑位置、建筑控制线、贴线率、骑楼、建筑重点节点处理）、开放空间（公共通道、连通道、桥梁、地块内部广场及绿化范围、下沉广场范围等节点）、交通空间（机动车禁开口、公共重要交通点、机动车停车场、机动车出入口、出租车及公交车

站点等）、建筑风貌，以建
- 梳理街坊内小红线（地块）总体方案的形式支撑各小地的功能大界面及权属等。
- 以总体平衡的原则，对规划

重点关注的专项专题

1　总体交通设计及导则要点
- 统一的交通组织设计是区域综合开发项目的技术之"纲"，以区域大红线为目标，超越地块小纪线，进行集约、创新、开放、共享的交通设计。交通专项设计导则主要包含：项目背景分析、交通设计依据、目标、项目设计周边大交通环境分析评估
- 交通专项导则的作用，是综合平衡政府主管部门、一、二级业主的要求，确定开放、共享、共建、共管的交通要求。主要包含：基地出入口、地下车库出入口、基地大巴停车位、出租车停车、车行道及地下各层车行人行总体交通通动线组织，确定集中的货运场、垃圾收集房，静态交通设计。其中，静态交通设计在尊重各地块权属、机动车设置数量符合规范标准的前提下，对各地块的机动车、非机动车数量进行定点、定量的量化分解
- 总体交通设计的基本原则：在尊重各地块权属的情况下，总体考虑、综合平衡、共建共享、统一运营，设管协议应在前期与各业主充分确认

2　总体消防设计及导则要点
- 各小地块地块间难以形成消防总体方案，须以总体视野综合平衡，在大红线内进行总体消防设计
- 总体消防设计的要素包含：区域总体消防系统构架，各自消防系统的权属、界面、控制原则；确定总体消防应急通道系统、消防施救而及登高场地，可与相关部门协调，利用街坊道路；地下环隙系统的消防设计；地面大平台（平台上、平台下的总体消防应急疏散）；地下超大商业的防火隔间；能源中心的消防设计；消防应急联动系统的共建共享

3　绿化景观总体设计及导则要点
- 总体绿化景观设计的要素包含：总体绿化景观目标、要点、特点、亮点，刚性和弹性控制点；基于总体绿化景观的量化地块，包括绿地率、集中绿地等；分地块量化各小红线地块，作为各小红线地块绿化审批的依据；平台上下的绿化、绿化中的设施、线型绿化出入口的开口形式；明确覆土厚度，顶板防水、防渗、防穿刺

统一技术措施

4　结构总体设计及导则要
- 统一建筑分类、抗震设防标准、基坑围护标准，提出分基坑大地下室进行整体的结构方算；地铁保护区统一的桩、室嵌围层的技术标准及要求坑围护方案的统一，地铁保护区

5　机电总体设计及导则要
- 根据大红线外市政条件，同时则弱化部分街坊支路的市政级开发商在大市政、小市政准，对市政管线的接入与分统一标高，各级开关站（及其阿属设施）的位置，进行统一确定、规定

6　人防总体设计及导则要求
- 集中设置一级开发商的土各自的资权；明确设计依据

7　其他总体设计专项及导
- 绿建、LEED、节能、物业、设计与导则，须明确各专项理念体系的核心内容，界构、系统，明确权属、设计线路由于以确定

区域整体开发项目总体设计及导则的作用意义
- 总体设计方案与导则是区域综合开发的"规则""依据""实施细则"，对下一步各单项的开发、建设具有实际有效的指导作用，对各单项的设计具有"保驾护航"的作用。总体设计方案与导则基于上游控规的理念、目标、愿景，它深化了上位规划目标落地实施，弥补了控规在区域综合开发项目管控上的不足，对控规中缺乏的各专项进行弥补和明确，在控规和单项设计间起到了承上启下的作用
- 在项目设计之初，对各政府化指标，减少了建设进程中率，梳理平衡了政府与市场权属、设计、运营四界面地实施奠定技术基础

总体设计方案及导则的特点
- 总体设计方案及设计导则具有综合性、前瞻性、落地性、可操作性、动态适变性
- 总体设计方案及导则的法定地位应尽早建立。在土地出让前，在一级开发商明确的前提下，将总体设计方案与导则或附件。在土地出让时，应由一、二级开发商合作，编制《总体设计方案与导则》，并经政府各主管部门审核确认，以或各业主的确认函，确认其法定地位

图 2-3　设计总控的主要工作内容及流程

	第三阶段	第四阶段	第五阶段	第六阶段
	方案设计、扩初设计时期设计总控配合一、二级开发商	施工图阶段设计总控工作	施工实施阶段	后评估阶段

第三阶段

以"裁判"的身份，执行导则"规定"

- 以《总体设计方案及导则》作为指导各地块方案与扩初设计的"规则"，设计总控类似执行"规则"的"裁判"，以"裁判"的身份执行"规则"
- 对于各业主单项设计中碰到的问题，依据总控方案及导则进行技术协调（规划、交通、消防、绿化景观、人防、公共区域、地下空间、结构、机电、能源中心、水系、地铁、接驳、智能化、绿建、海绵、灯光、标识、物业管理界面等）与日常的综合技术协调工作
- 以总体设计及导则作为技术依据，协助各单项设计报批报建，为单项的报批报建"保驾护航"
- 对于某些环区（如公共环路匝道、天桥、坡道），代表一级开发商进行技术咨询设计
- 对于一、二级开发商的方案、扩初设计的成果，依据总体设计及导则进行审核，提出总控审核意见
- 协助一、二级开发商的工程部、前期部，编制各项工程的进度计划，使设计、报建、施工计划有机衔接。协助开发商做好其他管理工作
- 建设实施过程中遇到因时序步骤规范标准引起的设计变化，并对设计进度进行协调工作
- 设计质量的管理（对设计成果进行总控审核）
- 设计信息的管理（文件、资料的归档）
- 组织日常工作例会与专题会，整理纪要

总控设计方案及导则的更新升级

- 总体设计方案及导则根据各单项与各专项设计的深化、调整并不断更新。该时期设计总控的工作作用是为一、二级开发商的单项设计"技术背书""保驾护航"，在政府各主管部门和一、二级开发商之间技术协调，加快项目报批报建进程，提高政府对区域综合开发项目的管控效率
- 设计总控的多重身份：对于政府主管部门——"辅警"；对于一级开发商——技术"管家"＋"保姆"；对于各级开发商的设计团队——"裁判"＋"助力"。对各方各项工作起着协调推进、技术咨询与设计的工作

第四阶段

建筑用料、做法统一技术措施的需求

- 针对区域总体（主要是大地下室部分）的建筑用料、坡道做法进行统一技术措施的编制。统一技术措施是一、二级业主间协商的结果，由设计总控编制，各设计单项执行。具体包括：《地下室防水、防渗统一技术措施》《绿植、景观统一技术措施》《土壤驳岸统一技术措施》《标识、水系、灯光统一技术措施》《结构抗渗防裂统一技术措施》等

施工图阶段的其他工作

- 设计进度协调：编制、调整各项设计工作计划
- 设计质量管理：对各项设计成果依据导则及统一技术措施进行审核
- 设计信息管理：对各设计单项的成果进行整合，发现问题，并主动协调解决
- 组织参加日常例会与专题会，整理会议纪要
- 开展区域整体开发项目的后评估工作

第五阶段

- 全程掌控各项目的施工实施情况，对于发现的问题，组织专项协调会
- 参加易产生问题的施工图技术交底工作，尤其关注界面处的问题

第六阶段

整体开发项目后评估的要点

1　城市设计愿景、理念的落地程度评估

- 原始理念提出的深度和合理性评估
- 城市设计要素在项目中的重要性分级
- 各要素的落地程度评价

2　总控过程工作机制的评估

- 城市设计方案的转化——控制性详细规划、图则、设计导则
- 城市设计要素的控制方式
- 总控管理权限

3　后评估的形式及成果

- 评估报告
- 统计数据
- 评价访谈

小结

区域整体开发

- 一定规模范围内、一定时期内由一组开发商或政府主管部门（管委会、指挥部）组织托底，多业主集聚参与，统一规划设计，统一建设管理，以"创新、协调、绿色、开放、共享"为理念的一种集约开发建设模式

设计总控

- 为落实城市设计和规划目标，从规划和建设实施全过程，整合各专业的设计技术咨询服务工作。它是城市设计的技术支撑，是政府、市场利益平衡的技术抓手，是各专项规划设计、总体导则的综合协调、制定者，是总体设计方案的全程执行者

微信扫一扫

2.5.5 区域整体开发项目设计总控工作图解

区域整体开发项目设计总控工作图解如图 2-4 所示。

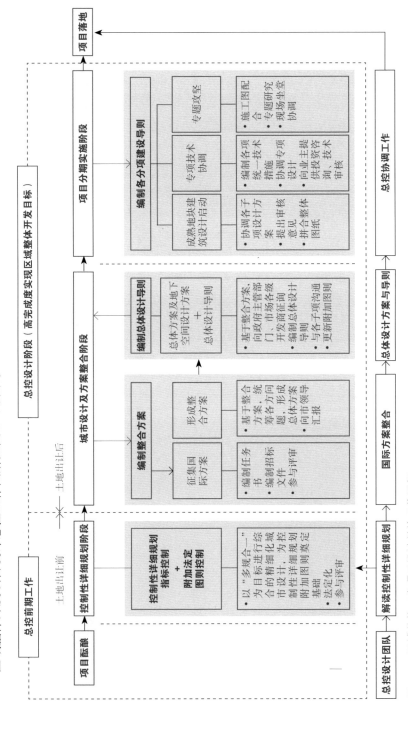

图 2-4 区域整体开发项目设计总控工作图解

3 | 区域整体开发的
几大模式及其特点

3.1 区域整体开发项目的前置条件

区域整体开发项目因大规模、多子项、高密度、功能复合、空间公共开放、设施共建共享等特点，其设计、建设和管理具有一定的复杂性。在项目启动前期，理清"产权、设计、建设、运营"四大界面，是区域整体开发项目的基础。这四大界面中，产权又是其他三个界面的基础。在工程实践中，根据产权界面划分方式的不同，可以将区域整体开发项目分成四大基本模式，不同模式将直接影响设计过程和建设成果。

3.2 区域整体开发模式的特点与优势

1）区域整体开发模式的特点

传统模式项目中，地块、市政道路、市政管线、城市公共绿化及水体彼此分隔，独立设计，互不牵涉。在大多数城市和地区，传统开发模式还是主流，其优点包括：①单个项目从设计建设时间到功能空间都相互独立，依据各自的规划控制线成为相对完善的独立系统。②设计流程及对法律法规的应对已经非常成熟，各专项设计间容易配合，设计过程相对简单，设计协调难度低。③基地内施工建设也可以按照传统做法，设计和施工进度容易把握。

相比于区域整体开发项目，传统模式也有其局限性：①传统模式来源于城市建设早期二维扩展阶段，其目的在于保证单体建设项目能够顺利进行，但并不利于地块集约用地和城市的可持续发展。②城市形态方面，有城市空间组织松散，存在地块间联系不紧密、建筑风格差异大、天际线凌乱的缺点。③公共空间及设施方面，传统模式对公众开放度低，不能形成连续的城市公共开放步行空间，以围墙分隔的圈地现象严重。④地块间地下空间不能得到充分的开发利用，更无法形成能源中心等共享设施。

2）区域整体开发模式的优势

区域整体开发模式的载体均为国内目前开发建设的核心地段项目，包括：一线城市中心区更新，如上海徐汇滨江西岸传媒港区域、北京CBD核心区、上海徐汇滨江金融城；一线城市副中心建设，如上海后世博片区、上海真如城市副中心、张江科学城片区；城市TOD地区开发，如上海虹桥枢纽区域；城市新区开发，如苏州园区片区、长三角一体化示范区。

这些项目充分体现区域整体开发的优势，包括：

（1）定位明确，主题功能及产品特点鲜明

世博 B 片区项目被规划定位为"知名企业总部聚集区和国际一流的商务街区"，实际建设为央企总部办公及其配套服务设施；徐汇滨江西岸传媒港项目被规划定位为"文化传媒聚集区、功能复合的商务社区、富有特色的滨水活动区"，实际建设为以"梦中心"为核心的传媒网络、文化创意、商务办公、研发培训项目。

明确的功能定位有利于形成区域文化特色，吸引相关产业，扩大影响力和功能辐射范围。

（2）建设同步，迅速提升区域活力

区域整体开发以"统一规划、统一设计、统一建设、统一管理"为工作原则。尽管各单子项从业主到设计单位甚至是建设单位都有可能相对独立，但在时间进度上可以做到基本同步，从而同步竣工，整体投入使用，运营管理阶段配套服务设施完善。

（3）空间连续，创造一体化的公共空间形态

由于控制性详细规划先行，区域整体同步设计，为地块间的空间连续创造了可能。连续的空间体验包括地下连续步行通道、地下车库一体化、地面景观一体化、地上公共平台及架空天桥等方面。空间连贯性既可以形成完善的城市公共空间系统，同时又能便于实现停车库、配套服务设施等资源的共建共享。

（4）用地集约，压缩消极空间，实现价值最大化

区域整体开发模式，地上、地面、地下空间一体化实现了城市空间的集约利用。共建共享设施如地下车库、能源中心、综合管廊、人防、公共绿化等，将传统建筑中的上述配套服务设施化零为整，提高了土地使用效率。

（5）公共设施完善，功能互补

区域整体开发模式实行一次开发、一步到位，相关市政公共设施也能配合区域的开发建设同步完成。如地铁站、公交车站、市政道路、隧道、市政管线等设施完善，减少了重复施工。

传统模式与区域整体开发模式的示意见表 3-1。

表 3-1　传统模式与区域整体开发模式的示意

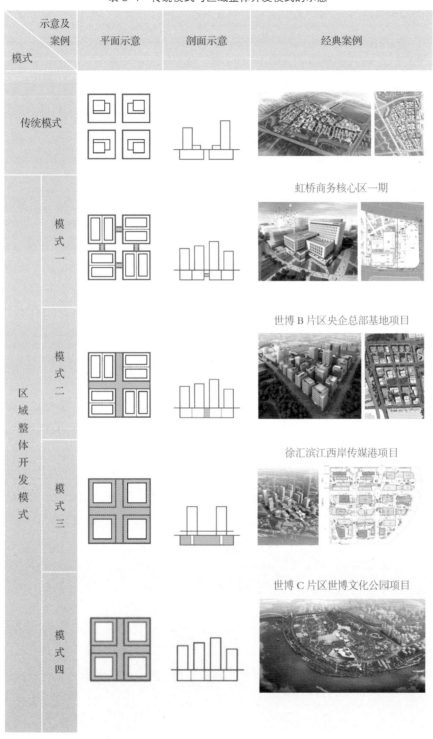

示意及案例　模式	平面示意	剖面示意	经典案例
传统模式			
区域整体开发模式 模式一			虹桥商务核心区一期
模式二			世博 B 片区央企总部基地项目
模式三			徐汇滨江西岸传媒港项目
模式四			世博 C 片区世博文化公园项目

3.3　区域整体开发的四大模式

3.3.1　模式一：竖向划分，局部连通

在传统模式的基础上，"模式一"实行产权界面竖向划分，街坊内部地下空间一体化，街坊之间局部设置地下通道作为补充。以世博 A 片区为例。

世博 A 片区位于上海市浦东新区世博板块，规划片区分为 14 个街坊、28 个地块。核心区域平均每个街坊内有 2 个地块，也就是 2 个投资建设单位。"模式一"产权界面与设计、施工、运营界面统一，设计过程与传统模式基本相同，仅在街坊内地块交界处及街坊地下空间连通处存在衔接界面。

以 A02A 街坊为例（图 3-1），街坊内建设工程主要集中在 A02A-03 与 A02A-04 两个地块。地上部分由于街坊建筑覆盖率高、地面空间狭窄，以及场地开口限制，A02A-03 与 A02A-04 两个地块的业主经过协商，在地块交界处设置共用场地出入口及主要道路。地下部分，A02A-03 与 A02A-04 两个地块沿红线交界处设置分隔墙，划分出互不干涉的两个地下室。由于地下室较小，每个地块仅设置 1 个双车道地下车库坡道，并且地下层分隔墙上设置 2 个车库连通口，以便在应急状况下借用相邻地块车库坡道。

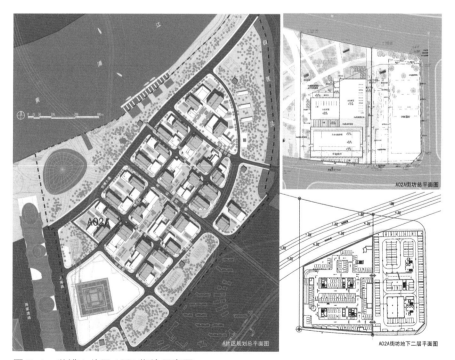

图 3-1　世博 A 片区 A02A 街坊示意图

A02A 街坊两个地块业主及各自设计单位在方案阶段联系密切，相互确认地面道路景观做法、地下室连通口位置。在设计分析时始终以街坊为单位，双方图纸均表现出整个街坊的设计情况。

"模式一"以街坊为单位独立控制施工进度，需要街坊内各地块协调安排。A02A 街坊地下室同步施工，地面景观也同步施工，地上建筑则按照各自工程安排施工。A02A 街坊运营管理系统严格按照地块红线划分。

"模式一"实现了不同地块间的地下空间一体化，虽然仅局限于街坊内，但是提高了土地资源利用，改善了区域公共环境。而且，由于街坊内单体少，协调相对容易，仅需要在传统模式的基础上处理好衔界面的关系。

3.3.2 模式二：竖向划分，地下一体

"模式二"实行产权界面竖向划分，区域内地下空间一体化。"模式二"较"模式一"的地下空间联系更加紧密，有利于形成完整集约的地下空间设计。以世博 B 片区央企总部基地项目为例（图 3-2）。

世博 B 片区央企总部基地由 6 个街坊、26 个建设地块、14 家业主组成。其中，B02 分为 B02A、B02B 两个街坊，B03 分为 B03A、B03B、B03C、B03D 四个街坊。由于 B02A 与 B02B 之间的博成路，下有共同沟穿过，将 B 片区地下空间分为两大部分，两个部分之间通过 3 个连通道相连接。"模式二"在"模式一"街坊内地下室一体化的基础上加入市政道路地下空间，形成片区地下空间一体化，设计关系更加复杂。为统筹设计，平衡各方利益，本项目是上海市第一个确立设计总控地位的项目，设计总控为项目提供专项协调服务及技术支持。

首先，世博 B 片区"小街坊、高密度"的规划理念，推进了片区内空间共享、设施共享、资源共享的设计策略。经过设计协调，项目各地块共享地面公共绿化、地下车库出入口坡道、街坊地面出入口、街坊地面道路、消防登高场地、消防应急环路、能源中心等设施。上述共享部分设计均需要总控单位牵头，各地块业主及设计单位共同参与。以地下车库出入口坡道为例，由于单体地块小，如果地块各自设置坡道则会造成地面空间交通混乱。本项目地下车库相互连通，可以理解为整个区域共享一个整体地下车库。经过协商，每个街坊设置 2 个地面至地下室底层的共用坡道。坡道由设计总控承担方案设计，方案设计成果提交街坊各地块会签，之后由所在地块设计方负责深化设计并纳入自身施工图图纸。建设成本由街坊各地块分摊。地下车库出入口坡道共建共享，从而达到互利共赢的结果。

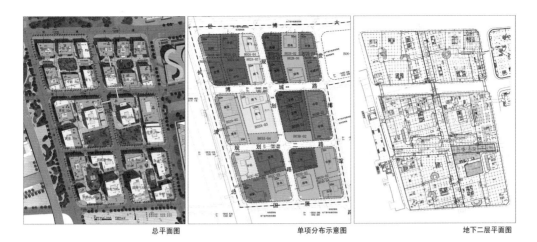

总平面图　　　　　　　　　　　单项分布示意图　　　　　　　　　　　地下二层平面图

图 3-2 世博 B 片区央企总部基地示意图

其次，"模式二"中整个片区地上与地下的衔接更加紧密，因此需要协调统一的界面繁多。主要衔接界面包括架空天桥、场地标高、地面景观、地下室柱网、地下人行公共通道、地下车库连通道及连通口、能源中心管线走向及接口位置、各地块结构衔接、防水衔接等。衔接界面集中在红线交界处。世博 B 片区项目主要通过设计阶段的专题协调，将衔接问题逐一落实。衔接处由总控单位提出设计建议或方案图纸，由各地块设计单位分别深化并纳入自身施工图中。衔接界面集中存在的地下室及地面景观以街坊为单位，由一家单位统一代建施工。

此外，世博 B 片区项目的 2 条规划道路及公共绿化均有地下室，这部分公共空间为街坊内各地块服务，作为地下车库的补充，并将 6 个地块连为一体。但是公共空间本身没有地上部分，其自身的消防疏散、进排风井需要向周边地块借用。涉及此类公共空间的借用问题，也是单体设计阶段需要纳入考虑的要点。

最后，世博 B 片区项目在高密度中力求打造人性化的环境空间，一些小环境的设计需要各设计方共同努力，如街坊内部集中绿化、下沉广场等，均跨红线设计实施。为提升环境品质，各个单体设计单位在设计各个阶段必须加强联系，建立统一的设计沟通平台。

"模式二"中地下空间统一开工，由于大基坑分仓施工的需要，相邻地块地下开挖需要交叉进行，对整体施工进度产生一定影响。世博 B 片区项目中，一些地块出现设计工作结束而不能马上开工的情况，因此"模式二"施工进度需要整个区域统筹考虑，并在设计阶段做好施工进度计划。"模式二"

在理想状态下，希望做到地面景观与地下室大物业统一管理，地上建筑内小物业管理，运营费用及收益由各地块业主承担。但是由于地下室产权界面分隔，地下室大物业难以进入。世博 B 片区项目最终运营管理模式设计如下：地上、地下建筑内部严格按照红线划分运营管理界面，地面、公共空间地下及地下人行公共通道由统一的大物业管理。由于地下空间大连通，各地块在各自运营管理的同时需要向其他地块共享停车、消防等信息，以便区域内系统联动。

"模式二"充分发挥城市土地资源的潜力，为节约城市资源、塑造区域形象、打造宜人的公共环境均提供了有利条件。但是以红线为界的产权、设计、管理界面，将整个区域划分成独立地块，与地面、地下室一体化设计存在矛盾。虽然规划将地面及地下空间看作一个整体，但是考虑到后期运营管理的难度，各个产权主体仍然希望将一体化的空间沿红线做严格的物理分隔。经过各方面协调与权衡，世博 B 片区央企总部基地项目最终仅达到地面一体化设计、地下人行公共通道连通及地下车库地块仅在界面交接处开设连通口，尚未达到地面、地下大连通的理想状态。

3.3.3 模式三：水平划分，局部共用

"模式三"中被开发区域分为地上各地块单项及地下单项。以地下室顶板上表面为界，将一体化的地下空间产权独立出来，由地下空间单项产权受让人单独聘请设计单位进行设计。而各地块红线仅对地上单体建设进行划分。以徐汇滨江西岸传媒港项目为例（图 3-3）。

西岸传媒港位于上海市徐汇区，是徐汇滨江的重要先导项目。西岸传媒港地上有 9 个街坊，除公共绿化外，每个街坊仅有一个建设地块，也就是地上 9 个单项、7 个业主。街坊地下空间与市政道路地下空间一体化，形成一个单项，由上海西岸传媒港开发建设有限公司（简称"西岸"）为业主。西岸除了负责地下空间设计建设外，还承担了市政道路建设、公共绿化建设、地面景观设施与二层公共平台的设计和协调工作。在"模式三"中，虽然各单项联系紧密，但是几乎所有地块都只与西岸产生直接衔接关系，因此将设计建设的重点集中于梳理西岸与各地块之间的关系。项目由西岸牵头，总控单位配合，开展整个项目的设计总控工作。

鉴于世博 B 片区专项协调工作"一事一议"的弊端，西岸传媒港项目在地上业主展开工作前就针对各个单项间产权界面、设计界面、建设界面和运营界面做了严格的切分，以便各单项明确自己在项目整体中的工作范围。界

面划分的重点在于理清关键位置的界面归属。基于"模式三",同一地块内地上与地下为不同业主,界面划分的关键位置包括:二层平台及天桥,地下室出地面的进排风口、下沉广场、楼梯、电梯、扶梯、坡道,塔楼核心筒地下部分,地下室为地上服务的设备机房,地面景观,以及能源中心等。

类似于"模式二","模式三"充分实现区域内的资源共享。西岸传媒港项目除世博 B 片区项目中各共建共享设施外,基于地下室单项还设计了贯通地下各层、地面层及平台层的 Urban Core,地下车行环通道,以及地面相对标高 7.5m 处的公共平台,实现地上、地下一体化的立体城市公共空间。共建共享项目均由西岸牵头,先于地上单项进行设计,并编入设计导则。在地上各业主展开设计工作时,地上各地块设计单位依据导则要求,按照设计及施工界面对上述设施进行深化实施。

"模式三"在充分实现资源整合共享、提升公共环境品质的同时,也存在一些弊端。在西岸传媒港项目设计过程中,由于地下空间功能为商业、停车库、设备机房等,原则上是为地上空间服务的配套设施,地上空间规模及需求便成为地下空间的重要设计依据。而西岸作为本项目地面、地下及公共空间设计方,需要把控区域建设效果并兼顾控制性详细规划的落实,其自身设计项目在时间进度上必须领先于地上各地块,因此带来地下空间设计方案缺乏地上设计资料依据的问题。实际操作中,总控工作先期以控制性详细规划为依据、以设计指标最不利情况为前提进行总体设计方案试做,进而完成地下空间的方案及初步设计。初步设计完成后、施工图设计前,又经过长时间与地上各单项的协调、复核,才正式进入施工图阶段。

尽管总体设计及地下空间设计几经反复,设计周期拉长,但是也因此获得了专项细化研究的宝贵时间。项目先后进行了绿建设计、BIM 设计、智能化设计、停车库专项研究、物业管理模式专项研究、能源中心专项研究、市政设施及共同沟专项研究等,将关键问题深化、细化,对设计进行优化。

类似于地上、地下先后设计顺序的矛盾,地上、地下施工顺序也相互牵连。基于施工的先后顺序,地下空间应先行实施。而地下空间设计真正落实到施工图阶段,需要地上设计的柱网、核心筒、机房、停车配建数量等需求明确。虽然地下施工图出图后距离地上施工还有一定时间,但是地上部分的继续深化设计将受到地下的制约。实际操作中以连续施工、保证施工进度为前提,因此设计进度显得前紧后松,并且中间出现了设计的空档期。

西岸传媒港项目后期运营涉及政府、西岸、地上各单项建筑业主,并且考虑到运营阶段还可能出现产权转让、运营界面、管理界面相互交叉。由于运营系统较为复杂，本项目在方案阶段便初步划分运营界面，方案设计过程中聘请专业的物业管理顾问，为各项相关设计内容尤其是机电系统的划分提供建议。

对比"模式二"，"模式三"同样可以发挥城市土地资源的潜力，节约城市资源，塑造区域形象，打造宜人的公共环境。由于引入了地下空间单项设计，"模式三"地下及地面公共空间由一家业主负责，更能保证公共空间的连续性。由地下公共空间业主牵头，共建共享内容也能很好地得到落实。

在协调工作方面，所有地上单项都直接与地下空间单项产生关系，协调关系较清晰。这种模式下，原本分散的协调工作便落在地下空间单项业主和设计单位身上，需要地下空间单项业主有很强的责任心和掌控全局的能力。地下空间设计单位的设计任务也因此变得繁杂，设计任务若不明确，会造成设计工作经常性重复和反复。

地下空间独立立项设计，地下产权界面、设计界面符合空间的一体化，但是与功能需求竖向的分区不符。同一地块内地上与地下的空间相互牵连，需要反复沟通协调。地上空间分地块设计建设进度不一，与地下空间整体立项整体报审、整体建设产生一定的矛盾。

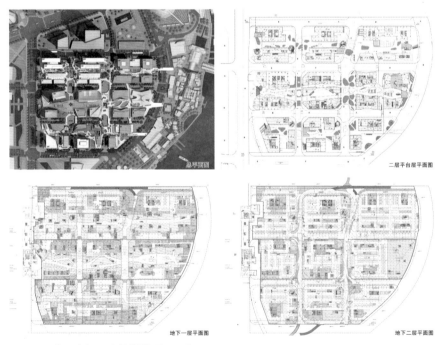

图 3-3 徐汇滨江西岸传媒港项目示意图

3.3.4　模式四：产权持有，上下一体

越来越多的区域整体开发项目，包括张江中区东单元项目、龙阳路交通枢纽地区项目、金桥开发区项目、世博文化公园项目等，从城市形态、规模到设计元素、要点，都是区域整体开发公共建筑的模式。不同于"模式二"和"模式三"，部分项目规划、设计、建设阶段仅有一个开发主体，即一个业主产权自持，在运营管理阶段再进行拆分出租或转让，形成了区域整体开发的第四种模式。

"模式四"避免了规划、设计及建设初期，由于多业主、多设计单位带来的繁杂协调对接工作，实现由一个开发主体整体把控、一套设计团队设计、一套施工单位建设完成的模式，工作条线清晰、需求明确，可以大大提高开发效率。

然而不能将此模式简单看成是把传统模式的规模放大。区域整体开发相对独立建筑项目开发，不仅仅是工作量的线性叠加。在项目过程中，不同子项、不同专业的界面衔接，以及共建共享设施整合设计等工作，仍需要设计总控介入。后期投入使用之前，也将协调各个地块、各个运营管理团队的不同需求。

在"模式四"中，主体设计单位需要一次性大规模投资，后续运营过程中逐步收回成本并逐步形成利润，因此开发主体需要有强大的资金支持，往往是政府主导或实力雄厚的开发商牵头。为缓解投资压力，项目需要统一设计、分期实施，这就在时间维度上形成新的衔接界面。"模式四"中，合理分期，使每个分期可以独立运营，建设过程中互不干涉，最终又能形成完整的统一整体，将是设计总控的研究重点。

3.3.5　其他：四大开发模式的组合

上述几种模式与传统模式之间，拟从城市标志性、公共空间环境、经济效益、设计难度、施工进度、运营管理成本几个方面来对比，则各有利弊。几个对比项的权重从不同人群（如政府、民众、开发商、设计者、管理者等）的角度看，也是不一样的。从设计者的角度，区域整体开发建设不同于传统开发建设模式，设计建设中单项与单项之间相互牵连，不能自成体系，延长了设计周期，增加了设计难度。然而，对城市可持续发展和空间立体集约的大趋势而言，区域整体开发模式可以多维度综合利用城市空间，增加城市活力，提升资源利用效率，创造更大的社会价值。

　　将区域整体开发四种产权界面划分模式进行对比，可以看出几种模式在规划设计及实施中，设计要点、设计建设周期、环境效果各有不同。在不同的开发背景下会产生不同的界面划分模式，也会出现几种模式的混合或者嵌套。区域整体开发项目，规划、设计、施工、运营的关键点在于各种界面的划分与衔接，设计总控起到关键作用。在实践中，应关注不同模式中的设计要点和重点，根据设计需求，建立合适的工作方式，完成此类全新的设计任务。

中篇
内容与方法

4 | 第一阶段：
精细化城市设计阶段
（土地出让前）

区域整体开发项目指一定规模的开发范围内（一般 0.2～1km²），一定时限内（5～10年），由一级开发商或政府主管部门（管委会、指挥部）统筹，多业主（二级开发商）集群参与，统一规划、统一设计、统一建设、统一管理的以"创新、协调、开放、整合、绿色、共享"为理念的全新开发建设模式。

作为一种新的开发建设模式，其以区域整体为项目母体，以城市公共利益为根本，建成环境内通外联，地上、地下空间整合，资源集约高效利用，在土地出让形式、规划管控形式、总体规划设计、报批报建程序、建设管理、竣工验收、房产确权及多业主全过程协调推进等方面完全不同于传统的单地块、单业主、单一项目价值的房地产开发，其成功实施和建设必须坚持"政府引导＋市场化运作"。上海市区各级政府陆续出台的《上海市地下建设用地使用权出让规定》（沪府办规〔2018〕32号）、上海市徐汇区人民政府印发的《上海"西岸传媒港"整体开发规则》等政策，从上位政策保障项目落地。

区域整体开发因其"创新、协调、开放、整合、绿色、共享"等明显优势在全国各地得以推广复制。

4.1　区域整体开发项目实施主体的"六大抓手"

区域整体开发项目的建设具有高度集约、聚点综合、全要素覆盖的特点。各种城市要素遵循整体格局、开放共享、有机结合、共管共用，对于引领城市片区发展、提升城市片区能级具有重要的影响力、提升力和示范作用。

政府主管部门或（和）一级开发商作为区域整体开发项目的实施主体，需要统筹考虑"六大重要抓手"，有组织、有计划地推进实施落地的一系列具体建设工作。

1）规划设计——主题鲜明，精准引导，动态协同

土地出让前，政府主管部门或一级开发商委托设计总控单位及规划编制单位编制精细化城市设计，锁定开发主题目标，并以附加图则及城市设计导则形式，与控制性详细规划普适图则一起落入土地出让合同，"带方案出让土地"。此通过较强的政府引导和公共利益优先，同时结合一定的市场诉求，引导实现城市发展愿景。

土地出让后，二级开发商、多业主入场，市场诉求增强。一级开发商作为区域整体开发项目实施主体，委托设计总控单位将城市设计与二级开发商诉求相结合，编制项目总体设计方案及导则、专项设计导则，统一技术措施等，将此作为工程设计管理规则和细则，贯穿项目的全建设周期。

确保土地出让前、出让后的两次设计不脱节，对于区域整体开发项目城市设计的核心价值、建设目标自始至终予以坚守、坚持。

2）开发模式——理清产权权属界面

产权（即使用权）划分模式，是确定一、二级开发商之间的产权、规划设计、施工建设、运营管理四大界面关系的基础。其中，产权界面是其他三个界面的基础。

"产权、设计、建设、运营"四大界面的约定须结合城市设计成果和开发模式而确定，应尽早确立，主要分为四种基本模式。

（1）模式一：竖向划分，局部连通

产权依据街坊红线竖向划分，红线内各自为政，地块间通过公共连通道连接（地上、地下）；各子项全部出让。

（2）模式二：竖向划分，地下一体

产权依据地块红线竖向划分，地下空间连通一体，公共空间整体设计、独立开发，停车、消防等彼此借用；各子项全部出让。

（3）模式三：水平划分，局部借用

一般以地下室顶板上表面为界（按照 ±0.0 标高或地下一层顶板标高划分，也有提出按照二层公共平台层标高进行划分的设想），将开发区域分成整体地下空间子项、地上各地块子项，水平划分有利于地下空间整体开发（或二层公共平台整体开发），且归开发主体持有；地上公共空间整体设计、独立开发；地上各子项出让。

（4）模式四：产权持有，上下一体

区域整体开发主体全部产权自持或绝大部分自持。

其他模式则是以上述四种模式为基础进行灵活组合。

3）建设管理——确立"开发主体＋设计总控"的联管模式

明确开发建设主体：重点地区开发主体既是一级开发主体，也可兼为部分二级子项开发主体。通常由开发主体牵头设计总控及总控协调工作。

明确总控工作及设计总控单位：确定总控牵头单位和设计总控单位是项目成功实现的重要因素之一。明确设计总控的四大工作阶段、工作内容，以及其对后续子项工作应具有的管控和引导作用。设计总控所覆盖的内容丰富（有 20 余项）、影响深远，包括总体规划、总体设计、建筑、交通、消防、人防、绿化景观、防汛、应急防灾、智能化、绿色建筑、照明、标识、商业、物业、BIM 等。

制定总控工作时序：确定总控工作介入的时间和工作周期，在条件允许的情况下，总控工作应从项目源头尽早介入。总控工作包括设计总控与施工总控，贯穿全建设周期。

坚持"四统一"原则：一、二级开发商（大、小业主）均应坚持统一规划、统一设计、统一建设、统一运营的"四统一"理念，降低沟通成本与协调难度。

4）时间进度——整体把控实施节奏

区域整体开发项目由于规模大、内容杂、业主多，其建设周期较传统开发模式更易发生拖延的问题。建设周期的拖延会影响规划设计理念的时效性，影响设计、审批、建设人员及民众对开发项目的期待和热情，设计反复和工期拖延也会造成社会资源的浪费。

经由设计总控的区域整体开发实践表明，合理安排设计、建设流程、程序化审批制度完全可以有效把控开发节奏，确保每个子项基本在自身建设周期内按时完成。整体开发项目基本遵循以下时间节点。

（1）前三年（出形象）

公共设施先行，勾勒基本框架。主要包括市政设施、地下空间、公共配套设施、共建共享设施、环境载体等。

（2）中三年（出功能）

一级开发与二级开发并行，综合投资运营策略，有序地引导完成分幅地块的开发建设。

（3）后三年（基本完成）

余量完成。

5）投资运营——项目投资运营谋划

配合"四统一"开发思路，进行开发投资运营的通盘策划，包括投资收益测算、投资组合策略（一级开发商、政府、社会投资之间的组配关系）、项目运营策略等。

运营策划须前置于设计方案。制定项目总体运营方案，并分类、分界面考虑业态功能等议题。

确定土地出让方式。确定项目的投融资模式，以及自持、租赁、出售等议题。

6）机制保障——工作机构健全，配套政策保障

以"创新、协调、开放、整合、绿色、共享"为开发建设的目标和理念，建设组织框架具有创新性。例如：世博央企总部上海世博发展集团、上海西岸开发（集团）有限公司、上海北外滩开发建设办公室和上海北外滩（集团）有限公司作为各自区域整体开发的实施主体。

市、区层面：成立高层面的开发领导小组，开发领导小组需要确立区域整体开发项目的总体要求和基本规则，制定依据性政策文件，推进政策机制突破和重大事项协调，授权区域开发主体，并常设开发领导小组办公室。例如：上海市政府颁布《上海市虹桥商务区管理办法》，明确虹桥商务区管委会作为市人民政府的派出机构；上海市徐汇区人民政府印发《上海"西岸传媒港"整体开发规则》；上海北外滩地区确立"政府主导＋办企合一＋市场化运作"的开发模式 *。

巩固区域整体开发主体地位：明确授权开发主体，统筹进行具体的规划设计编制、项目开发、实施组织、计划管理、工程协调等工作。

过程保障：制定健全的组织流程和总控机制。

4.2 精细化城市设计的必要性

精细化城市设计是设计总控在土地出让前的第一阶段，是协助、配合政府主管部门开展的技术咨询服务工作。

---

* 由上海市副市长汤志平牵头成立市北外滩地区开发建设领导小组，全市 18 家相关单位作为小组成员，按照"一事一议"的方式，加强对重点问题、难点问题的协调支持，统筹指挥调度全市资源推进北外滩开发建设。区里专门成立北外滩开发建设办公室，下设 6 个工作组，统筹全区资源力量推进北外滩开发建设。
北外滩开发办和北外滩集团实行"一体化"管理和运作。北外滩开发办作为开发建设主体，全面推动落实市领导小组的各项部署决策；北外滩集团作为操作平台，对区域内每一个项目的进度、质量进行严格把控，对区域内的公共设施、公共空间、二层连廊及商务楼宇等进行统一管理。

作为区域整体开发的首发阶段，精细化城市设计是构建项目全局性、整体性框架格局的源头，至关重要、不能省略。同时，精细化城市设计也是对现有城市规划基本制度框架下"控制性详细规划阶段城市设计"*的必要拓展和补充。实践总结，区域整体开发的精细化城市设计须兼备四个基本属性，即设计属性、工程属性、协调属性（多方参与）及规划管控属性，方能有效发挥积极影响和作用。

4.2.1　区分"两次"城市设计

控制性详细规划阶段应经过"两次"城市设计编制，解决不同层面和视角的问题，发挥不同层次的作用。

"一次"城市设计主要是完成单元控制性详细规划编制时的城市空间发展研究，重点协调落实上位"市级或区域"城市设计及控制要求（土地性质、总建设指标、总空间架构、风貌景观、主要动线等），确定控制性详细规划图则规定性指标内容。"二次"精细化城市设计是针对"一次"城市设计确定的城市重点地区，最好在整体开发项目实施主体基本明确的情况下，在土地出让前，由政府主管部门或一级开发商委托设计总控单位（可独立委托，也可与规划编制单位联合工作）开展精细化城市设计和控制性详细规划普适图则、附加图则的编制。在土地出让前形成详尽、可控、落地性强的图则及导则，为区域整体开发项目"谋篇开局"；在土地出让后，其全面搭建的引导管控体系继续发挥作用，确保土地出让前、出让后设计不脱节，对实施过程动态跟进，对项目整体核心价值和建设目标自始至终予以传导并坚守坚持。

4.2.2　控制性详细规划与精细化城市设计共同作用

控制性详细规划是引导和控制城市发展具体建设行为的法定依据，起着至关重要的作用。但仅仅依靠控制性详细规划无法指导区域整体开发项目，需要控制性详细规划与精细化城市设计共同作用才能顺利实现。

控制性详细规划对项目下一步整体开发建设管控的缺陷和不足主要有以下几点。

---

*　现有城市设计管控体系包括：总体规划阶段的城市设计、分区（单元）阶段的城市设计、控制性详细规划层次城市设计。

1）控制性详细规划技术应对措施的不足

传统的控制性详细规划工作主要是对用地性质和开发指标的控制，对于区域整体开发项目的整体性空间格局、各类城市要素开放、空间立体整合等，缺乏针对性塑造和控制引导的技术工具。

2）控制性详细规划编制与土地出让时序上的矛盾

在国有土地使用权出让前，进行控制性详细规划编制和控制性详细规划阶段城市设计研究。按《中华人民共和国招标投标法》相关规定，取得土地使用权须按土地出让条件（控制性详细规划提出出让地块的位置、使用性质、开发强度等规划条件，作为国有土地使用权出让合同的组成部分）进行招、拍、挂方式取得。

而市场化建设主体（一、二级开发商）的确定，一般在城市设计研究及控制性详细规划编制之后。这个时序位差，使得市场化的需求难以在控制性详细规划中被充分关注及体现，不同阶段土地出让的条件内容存在一定的差异，而控制性详细规划编制过程中无法考虑到动态的出让时序及变化的市场环境。

3）控制性详细规划无法对实施过程进行全程动态跟进

区域整体开发的全过程、动态性是其重要特征。而控制性详细规划的阶段性及指标刚性约束，难以对实施过程进行动态引导和管理把控。

4）未融入相关专项规划的内容导致与控制性详细规划的三维空间打架

一般中观层面的控制性详细规划与各类专项规划同步编制。专项规划是依据总规确定的原则进行细化和展开，控制性详细规划应纳入专项规划的内容（涉及电力、通信、人防、地下空间专项规划、环卫及公共服务设施、综合管廊、绿色生态、海绵城市、综合交通、消防及安全防灾、文保等）*。但实际情况是，由于不同专项分属不同的主管部门、主管条线不同，除市政专项外，其他专项难以被纳入控制性详细规划成果。各专项相互之间存在空间打架和条线矛盾的问题，某些专项的"局部合理"还会影响甚至建设性破坏区域空间的整体性发展，如一些轻轨建设对城市空间的割裂影响。

---

* 各专项规划设计是该专项在区域整体空间布局上的系统性要求，对下一步单项设计、建设具有依据性和指导性作用。

　　针对区域整体开发项目专项多、内容杂、条线多的特点，亟待同步开展实现空间整体性所涉及的交通、市政、地下空间、二层连廊等专项规划及总控协调设计，不断跟踪协调、校审核实各个专项，使各专项设计成果更好地实现总体意图、空间落地。同时，成果内容被汇编入法定控制性详细规划成果中，对各专项管控形式和表达进行刚性和弹性把握。如上海杨浦滨江地区开发建设，水务局于2018年负责杨树浦路片区雨污水管规划建设（管道、管井、泵站均已落位），规划部门于2020年启动该区域整体地下空间开发规划时就将其作为前置条件，并第一时间与处于地铁选址阶段的上海申通地铁集团有限公司设计对接，从而整体统筹地铁站体、周边核心地块地下空间整体连通开发等问题，确保实施落地可行。

5）地块指标落实的技术难度缺乏统筹

　　上海对需要进行城市设计的重点地区采用"控制性详细规划普适图则＋附加图则"的法定形式纳入土地出让条件，以期加强对城市空间特别是公共空间的控制管理。但随之产生的地块规划指标越来越多，若缺乏对规划指标的严谨复核，则各项规划指标控制要求间容易产生矛盾。特别是在新形势下规划引导"窄路密坊、功能混合"*的小街坊内平衡各项控制性详细规划指标，更需要各专业进行方案技术论证，以免发生不同指标、不同界面的矛盾。

　　如贴线率，通常是基于公共空间界面连续性及空间形态关系，以确定地块的贴线率管控要求。有些贴线率要求建筑贴红线、贴绿线，如未分析贴线界面与建筑功能合理布局、周边街道交通格局及消防组织等关系，则在实施中会遇到技术障碍，难以落实。

　　如绿地率，其指标在控制性详细规划中一般按市容绿化相关规定纳入各地块，商办用地绿地率不低于20%，住宅用地绿地率不低于30%。随着城市规划新理念的发展，"窄路密坊"成为建设趋势。但在单个小地块上难以落实上述绿地率指标。

6）政府各主管条线缺少衔接环节

　　各技术主管部门平行管理和现行一刀切的技术规范规定与引导的整体开

---

* 随着"以人为本"城市规划新理念的发展，倡导绿色出行，道路（次干道以下）从以前的交通为主功能转化为交通、休闲、活动、绿化景观综合场所，道路两侧强调公共性、开放性，公共空间界面强调延续、完整。道路向街道人性化转变，优化街坊尺度，控制街区规模，"窄路密坊"成为建设发展趋势。

发模式间存在矛盾。

消防、交通、绿化、人防、水务、环保、环卫等职能主管部门缺乏与规划主管部门控制性详细规划的综合协调平衡，导致控制性详细规划作为法定依据被纳入土地出让后，在下一步各子单项建筑报批报建与建设实施中，与各部门现行的规范、规定、标准、政策发生冲突和矛盾。

如规划强调绿色出行，公交优先，强调"15分钟步行生活圈"，对交通出行强化公交、弱化私家车出行，对机动车配置的指标一般低于交警、交通委员会的标准与要求。而在建设实施过程中，交通主管部门仍以《建筑工程交通设计及停车场（库）设计标准》中相关较高的指标进行控制。因此，规划与交通部门"以车优先"的设计存在矛盾。对策是在控制性详细规划或土地出让后的总体方案阶段，规划统筹交通部门，明确合理指标即可。

与小市政设施铺设空间有矛盾。以建筑退界为例，为形成宜人尺度的街道空间，控制性详细规划很多时候采用3m以内的小退界且高贴线的严控要求。实际落实时，小市政敷设空间明显不足，但建筑多退又不符合贴线的严控要求。

与消防相关规范方面有矛盾。新形势下"窄路密坊"成为发展趋势，倡导较高密度、较高强度的建设模式。而《建筑设计防火规范》（GB 50016—2014）（2018年版）又是全国统一的涉及安全的刚性规范，其各条款几乎均属建筑工程须执行的强制性条文，且按消防审查条例，各子项消防设计须在各自红线范围中落实所有该规范中的条文要求。

上述各条问题，在面对"区域整体开发项目"时，均可通过设计总控来梳理和制定更实用、适用、统一的精细化技术内容（如统一的技术规范规程、标准整合、技术措施等），推动与消防、绿化、能源等技术主管部门协调解决，而非一刀切的规范。

4.3　精细化城市设计工作内容

4.3.1　精细化城市设计的四个属性特征

上海城市重点地区主要包括：公共活动中心区、历史风貌地区、重要滨水区与风景区、交通枢纽地区，以及其他对城市空间影响较大的区域。重点地区也是印象感知一座城市的重要区域，其范围可大可小。一级重点地区影响范围较大，如徐汇滨江、前滩将整个控制性详细规划编制单元作为重点地区；亦可根据实际情况选择部分核心地块 / 街坊，如杨浦滨江南段控制性详细规划单元划示了几类街坊为重点地区（图 4-1）。

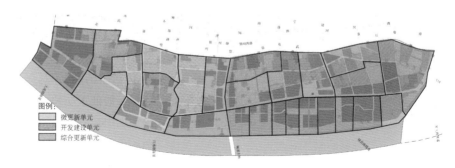

图 4-1　开发建设单元[*]——杨浦滨江南段

重点地区核心地块是区域整体开发的空间载体，区域整体开发的精细化城市设计强调提升项目的整体塑造、实际的管控 / 引导能力，突出四个方面"精细化"特征。

1）设计属性方面

以整体开发区域作为研究对象开展设计工作。作为城市设计，回应城市面临的挑战，充分理解所有事物，不论是自然的还是人工的，都相互关联。

运用先进设计理念，对项目进行深入分析判断，进一步优化完善或提升上位规划定位和空间格局，提升区位价值水准。为项目赋予独特的整体性魅力、空间特色及个性化重点。

明确上述目标所需要的各类空间要素。不仅单体建筑要经过精心设计，城市空间全要素（公共空间、景观、建筑、市政、交通、地下空间、历史要素等）更需要系统性整合、整体性设计。这是从要素迈向整体的必需之举，要素个体特征和空间整体特征相互成就、彰显特点亮点。

明确实现目标所需要的各类系统性整合，包括：区域整体性目标、策略意图、总体空间组织架构、各类要素布局、各类支撑系统布局（公共空间、绿地景观、交通、慢行连通、高度分区、地下空间、二层连廊、连续界面、

---

* 开发建设单元分为新建单元、综合单元与更新单元三种类型，以进行成片开发，避免形成风貌反差。开发建设单元以规划地区为主，规模在 8hm² 左右，拟进行土地捆绑出让与整体建设实施；更新单元以保留地区为主，规模在 15hm² 左右，以社区微更新为主。

总体绿建智慧、总体消防环卫等系统）。

确定混合业态配比和服务能级，地上、地下开发总量，地下空间整体开发利用范围和模式，核心公共空间或公共景观、地标建筑、集中配建统筹运营的公共设施（能源中心、地下公共环路等）。

确定提升地区特色的其他设计要点，如建筑保护、改造再利用等，现存景观资源、滨水岸线等。

2）工程属性特征

设计总控视角的精细化城市设计，不仅关注一般城市规划/设计的城市空间美学、公共空间、建筑形态风貌等反映空间设计意图的议题，同时关注城市设计实施的工程实操落地性。充分发挥工程经验前置对城市设计实施落地的协助作用；校审、选择和制定具体指标要求和取值；平衡哪些可以做，哪些不能做，哪些需要提前协调；制定规则，理清哪些需要政策配套等。

协调平衡区域整体开发项目的各项条线自身技术规范标准之间的矛盾。通过方案验证，复核控制性详细规划各项指标的落地性及技术措施合理性（如地块各项技术指标、重要围合界面的贴线率值、建筑退界、消防等），与地铁接驳尽早对接，双方共同制定专项方案。

理清各子项内部及彼此之间的协同关系。如甄别二层连廊、地下连通道等连接要素跨越公地权属的公共段，以及进入开发地块内的地块段；同时避免二层连廊、地下连通道的公共段彼此的空间位置重叠，避免后续工程难以实施。如管控地块公共通道、绿地景观时，不仅要考虑地面建筑的连接性，还要考虑地下交通、商业等功能空间的通风口、逃生口、电梯扶梯等，都要在地面上统筹好，不能让其封堵或阻碍公共通道。

统筹协调各专项设计内容（景观、交通、地铁、地下空间、市政、水系、机电、人防、消防、绿建、海绵、结构、照明、智慧等），在精细化城市设计阶段力求达到"多规合一"，减少后续管控的矛盾。

加强街坊间的公共空间、交通空间、地下空间等一体化设计和统一运营管理。建议将交通、市政、地下空间、景观这几个强关联的专项系统归拢建设标段，联合招标。

3）管控属性方面

根据区域整体开发的目标、时序、模式、规模、特点，初步梳理产权、设计、建设、管理四大界面等，为下一步实施建设工作奠定全面扎实的基础。如上海西岸传媒港整体开发项目以 ±0.0 标高为准，整个区域进行水平划分：±0.0 标高以上按地块红线，±0.0 标高以下整体地下空间为一个红线，从而包括 188S-E、188S-J、188S-K、188S-F、188S-L、188S-M、188S-G、188S-N、188S-O，以及西岸传媒港地下空间，共 10 个子项目。

设计总控单位可独立受政府主管部门或区域整体开发实施主体（一级开发商）委托，也可与控制性详细规划编制单位联合工作，开展精细化城市设计和控制性详细规划普适图则、附加图则的编制。在土地出让前形成详尽、可控、落地性强的控制性详细规划图则。

区域整体开发模式及四大界面纳入出让条件："带城市设计方案、带地下空间、带运营方案、带产权界面"进行土地出让。

技术管理和行政管理相互影响、相互促进。

4）协调衔接方面

代表潜在的一、二级开发商，协调控制性详细规划编制和土地时序上的矛盾，综合平衡政府、市场、专业等各方诉求。在整体性前提下，作为技术协调、综合协调衔接多专业、多业主。

目前城市管理部门是分条条框框的，精细化城市设计的全要素协同就是要把它们调动、组织、协同起来。这个综合协调工作贯穿从规划到实施的全程设计组织、管控和相关规范、措施制定等很多方面。

在一、二级开发商与各个设计团队中间构建整体协同的共识，会更有利于区域整体开发工作的推进，同时也需要顶层工作机制的保障。

4.3.2　精细化城市设计的多维整体性构建

《上海市城市总体规划（2017—2035 年）》提出，以创新引领城市功能转型与提升，强化全球资源配置能力，持续提升国际门户枢纽地位，提高国际、国内两个层面的服务辐射能力。2020 年 6 月中共上海十一届市委九次全会审议通过《中共上海市委关于深入贯彻落实"人民城市人民建，人民城市为人民"重要理念，谱写新时代人民城市新篇章的意见》，"以人民为中心"建设新时代的人民城市——上海。

城市重点地区的整体开发紧扣上海城市发展，依托科创、经济、文化、高端制造业等特色产业，围绕国际交通枢纽、城市交通枢纽、历史文化遗产、水绿自然景观等资源聚集形成，坚持以人为本、共有共享，为人民谋幸福、让生活更美好的根本遵循。

尽管城市重点地区丰富多样，具体的精细化城市设计方案更是创意多彩、形态丰富，但都借助整体开发"定位明确、建设同步、用地集约、资源集聚、设施完善"的优势，在集约高效、公共人本、可持续环境等方面下工夫，呈现出区域整体价值的多维度属性。

1）整体的发展目标及导向

要产生聚集效应，提升区域活力，引导周边发展，需要区域整体开发项目在开发初期挖掘区域资源，寻找区域优势，运用逻辑分析和创造思维，为基地寻找一个最有利的城市开发方向和设计目标，满足经济发展空间的要求，指导业态、功能、容量、风貌等。

2）公共空间整体布局，并兼备标志性空间

加强区域核心公共空间、绿地广场、街坊间公共空间、交通空间、地下空间等一体化设计和统一运营管理，注重服务设施配套布局，形成空间连续紧凑、动线便捷联系、使用高效、舒适宜人的现代化、复合型、高品质的公共空间环境。

创造立体化的城市特色基面，让公共资源互联互通。如徐汇滨江传媒港项目设计了一个连接 12 个街坊、空间整体、极具感染力、公共开放程度最高（24h 开放）的二层平台，作为区域核心公共空间。立体化的分层设计，实现了人车分流，在二层城市基面增添了一个观赏黄浦江的城市公共活动空间，进一步提升徐汇滨江的品质环境。同时，配合整齐有序的街道空间、小尺度街坊绿地广场、人性化设计，塑造舒适宜人、具有魅力和吸引力的公共活动场所，与核心公共空间相辅相成、相得益彰；塑造层次丰富、舒缓有致的天际轮廓线，创造独特的滨水景观。

3）整体功能复合化，提升区域活力

整体功能布局围绕核心功能定位，坚持公共开放空间引导及混合多元的原则，为人们提供完善的公共活动和公共服务，提升区域活力。①主线功能突出，其建设规模达到一定能级，满足辐射半径要求。②辅助功能与主线功能兼容性强。③主线功能和辅助功能的配套服务功能完善，配比科学，布局合理。④对照相应城市生活圈要求，查漏补缺、提升公共设施。⑤入驻企业以国内外知名中高端品牌企业为主，有利于形成高品质的公共活动环境。功能业态复合占比及"主线＋辅线"的混合功能类型分别见表 4-1 和表 4-2。

表 4-1 功能业态复合占比

案 例	功能组织规模		建设功能占比（约/%）	实际建设项目
世博 A 片区	主线功能	商务办公	78	国际企业总部
	辅线功能	文化	17	展示、观演、餐饮
	配套功能	商业服务	5	商业配套
世博 B 片区	主线功能	商务办公	94	央企总部
	辅线功能	商业金融	4	配套商业
	配套功能	公共配套	2	能源中心
虹桥商务核心区（一期）	主线功能	总部办公	60	知名企业总部
	辅线功能	商业休闲、文化娱乐、酒店会议	36.5	商业、文化、酒店、餐饮
	配套公共设施	设施配套	3.5	能源中心、公共事务处理
西岸传媒港	主线功能	商务办公	70	多类型商务聚集区
	辅线功能	文化娱乐	5	文化传媒产业
		科研教育	13	文化产业研发
	配套功能	商业服务	12	配套商业

表 4-2 "主线＋辅线"的混合功能类型

案 例	主线功能定位	辅线功能	社区生活圈配套
上海世博会城市最佳实践区会后发展规划（UBPA）	城市文化交流、创意设计产业办公积聚区（已经入驻：工业设计斯凯孚集团中国总部、上海市城市规划设计研究院设计中心） 世博会遗产的承载（场馆的再利用）	商务洽谈（酒店） 产品展示中心 社交聚会（Eat-Drinking） 文化休闲（继承世博期间公共空间的艺术化赏游，空气树、活水公园、法国玫瑰园等） 城市信息的发布	有学校、医院、养老院、消防队等19类生活配套 800m 范围内有公交枢纽站，每天公交运营不少于320班次 慢行交通
英国 Media City 媒体城	旨在创造全球首屈一指的数字媒体和内容创作中心 工业码头改造 主导功能包括：顶尖媒体公司，数字、广播的设备服务商，以及后期制作与创意公司（BBC-ITV-Dock10-SIS Live-Lowry 艺术中心、Bupa-Occupiers' Directory-Pie Factory 摄影棚工作室）	社会不同群体的配套服务设施（本区的使用和游客的使用） 租赁式办公（不同的自由职业者或较小的广告公司） 博物馆、游客信息中心、电影院（信息书店） Eat-Drinking 场所：Mall ＋路边咖啡餐馆（街巷）＋超市 高层住宿：2个公寓＋2个酒店	大学 住宅区 隶属大曼彻斯特地区的 Metrolink 轻轨系统的一站

（续表）

案　　例	主线功能定位	辅线功能	社区生活圈配套
英国 Media City 媒体城	出租办公：白塔、橙塔、蓝塔 人才和教育：索尔福德大学数字化教学校区 研发体验展示或信息发布中心	健身运动：4 个（含健身俱乐部，还有自行车道） 停车：3 个，与大建筑整合	大学 住宅区 隶属大曼彻斯特地区的 Metrolink 轻轨系统的一站
上海虹桥低碳商务核心区（一期）	城市低碳商务办公设区 片区的商服中心	商业（商场和零售）与餐饮 文化娱乐、影院 小型会议展览中心 酒店及公寓（行政）酒店 天桥步行体系及其信息化公共安全管理 各年龄段的社会服务设施 地下空间大连通	综合交通枢纽（空、陆、高铁） 国家级会展中心

4）街坊尺度人本化、构建整体风貌

街坊尺度是衡量一个城市是否"以人为本"的最直观、最重要的标准。上海市公共活动区规定，道路间距宜小于 200m，居住区道路间距宜小于 250m。其中，支路的路网密度可达到 6~12km/km²。

以慢行系统、步行街区引导的精细化城市设计，关注"街区、街坊、街道、建筑"构建的整体风貌。设计中不仅注重"小街坊、高密度""窄路密网、开放街区"的人性化街坊尺度和建筑风貌，还重视开放性、便捷性、小尺度广场、休息空间、配套商业服务设施等分布的完善。

在开发强度方面，以不突破单元规划确定的街坊开发容量为基础，依据精细化城市设计合理统筹城市天际线、高层建筑布局，平衡地块容积率*。

---

* 上海市《关于加强容积率管理全面推进土地资源高质量利用的实施细则（2020版）》，明确"落实'密路网、小街坊'的开放街区理念，在不突破单元规划确定的街坊开发容量基础上，根据具体建设条件，包括区位、地块规模、道路交通、消防安全、日照通风、环境景观、建筑控高等，通过城市设计和交通影响分析，合理确定地块容积率"。在第十三条（重点地区核心地块）、第十四条（轨道交通站点周边地块）、第十五条（风貌旧改地块）、第十六条（产业用地）、第十七条（建筑面积奖励）中明确具体细则。

5）优化区域交通系统，倡导绿色出行

主要从地面机动车交通、公交／步行交通系统两个方面着手。地面机动车交通，主要是针对私家车的合理规划。通过合理规划路网、充分利用地下车行交通系统，以提高车行效率。公交／步行方面，倡导公交优先，结合站点综合设置公共服务设施和多种交通换乘系统（包含公交车、地铁、出租车、共享单车等），构建立体化、成网络的"最后 1km"慢行系统和公共开放空间体系，营造便捷低碳的生活方式。

6）地下—地上空间一体化，结合轨道交通集约开发，区域设施共建共享

集约开发主要包括：充分发挥轨道交通枢纽和站点在交通集散、公共服务、土地价值方面的优势，围绕轨道交通站点形成高强度开发，外围腾挪用地、布局公共绿地和开放空间。轨道交通站点 600m 范围内适用"特定强度区"政策，其中，轨道交通站点 300m 范围内，鼓励通过城市设计进一步加强向站点集聚，实现土地效率的最大化。强化地下空间连通，地上、地下空间的一体化利用，提升集聚水平。

共建共享主要包括：整合零星绿化景观用地；地下空间开发和市政基础设施（如区域能源中心、市政管廊等配套设施）；区域整体地下停车系统的相关辅助设施（地库坡道、设备机房等）；公共平台、连桥、地下公共通道等公共开放空间。

7）整体理清"四大界面"，引导下一阶段总体方案在工程层面的逐项落实

根据整体开发的目标、时序、模式、规模、特点，初步梳理"产权、设计、建设、管理"四大界面。特别需要梳理通常由政府承担的道路红线、公共绿化绿线、河道蓝线的地下、地面、地上的土地、设计、建设、管理权属，为后续实施建设奠定全面扎实的基础。

4.4 精细化城市设计成果编制

4.4.1 主要编制原则

1）体现设计深度

前文 4.2 中已经阐述了仅依靠控制性详细规划和一次城市设计的缺陷和不足。这些缺陷和不足进入土地出让后，开始各子项建筑和工程设施的设计方案时，常常引发相互矛盾及与现行法律法规发生冲突等问题。前文列举的郑州龙湖 CBD 项目暂停"急补总控"，正是因为其一次城市设计成果无论是与上一级审批部门还是下一级子项设计都没有形成紧密联系，未能起到承上启下的作用，也无法得到各子项业主的重视。这就需要精细化城市设计具备一定的设计深度*，从实施效果、完成度和可行性上给予保障。

在世博 B 片区项目实践中，和龙湖 CBD 项目遭遇相似，当时的一次城市设计并未考虑土地产权出让的特殊性（13 家央企入驻 6 个街坊，同一街坊红线内的多业主小红线），虽经过市领导认可，需要在短时间内迅速落实并投入使用，但是控制性详细规则阶段的一次城市设计，缺乏从土地出让方式上进行的管控指标校审验证，导致无法成为第二阶段土地出让后总体设计工作的依据。针对这种情况，第二阶段开展的总体设计方案，首先承担起了精细化城市设计的角色，针对产权特征和开发模式，对区域整体开发进行深化量化和专项拆解，并从地上二层至地下四层进行了逐层梳理，形成总体方案，以及对每个子项设计（各单项建筑和工程设施）的管控和引导要求，并形成设计总控导则。特别对于强关联、易产生冲突的专项，如消防、绿化、交通、地下空间等，均给予定点定量落实。

---

* 以建筑为例，一般达到对应设计产品的建筑典型标准层的基本模式柱网、基本层高、地下空间基本设备面积和有效面积占比、地面层基本交通流线、地库出入口和消防登高场地分析、地上基本分层功能建议，从而确定出合理的建筑体块、体量、高度，并结合产权模式验证或确定影响空间形态布局的各项管控指标的合理性和可行性。可对外立面基本模式语言和体块造型趋向给予建议。以地下空间与地铁衔接为例，一般要从平面、剖面进行方案试做，达到对地铁站厅、站台层高、产权边界、保护距离、地块建筑地下地上层高、与地铁衔接方式（衔接位置；进入建筑内部还是室外 Urban Core，又或是独立出入等）的合理可行。

2）体现控制力度

根据不同项目中城市设计要素的重要性和具体属性，对其管控要点的控制力度进行规定。

精细化城市设计将各设计要素，从区域整体层面从地下到地上进行逐层设计梳理（如三亚东岸单元项目分成总平面、地面首层、地下一层、地下二层、地上二层等，世博 B 片区项目从地上二层至地下四层逐层梳理），并形成控制要素和管控要点。管控要点又根据项目要求分为严控项（刚性不可变）和建议项（弹性可变）。

如世博 B 片区项目地上管控要点中，严控项包括各地块用地面积、建筑面积、建筑高度、街坊出入口位置、地下车库出入口位置、地铁出入口位置、各地块绿地率指标、屋顶绿化率、建筑贴线率、地面消防通道及消防登高场地设计、建筑退界、立面玻墙比；建议项包括各地块建筑主要出入口位置、12m 控制线、地上商业空间、地上二层连桥、建筑整体风格。地下设计要点中，控制项包括主体建筑轮廓线之外的轴网、地下各层标高、地下室退界、地下人行公共通道走向及宽度、人行垂直交通点、车行通道连通口、共用车行坡道、货运流线、货运库房位置、各地块地下停车配建数量、公共区域借用疏散口及进排风井位置。

西岸传媒港项目延续了导则对严控项和建议项的梳理，并且加入索引表，将严控项和建议项一一列举。

3）专项覆盖全面

统筹专项设计，是尤其体现区域整体开发特征的专项。

在上海西岸传媒港项目中，总体精细化设计导则尝试按照各部门审批逻辑，将导则分为以下部分：项目概况与导则编制背景、项目建设的亮点、规划建筑设计导则、消防设计导则、交通设计导则、绿化景观设计导则、地铁衔接相关设计导则、结构设计导则、机电设计导则、防汛设计导则、人防设计导则、绿建设计导则、总体 LEED-ND 设计导则、总体 BIM 设计导则。单独的篇章根据宣讲或者报审的需要可以独立成册，提高了内部交流和报审报批的效率。

4）经验冲突难题需要前置

总结实践过往中的经验教训，应将工程落地冲突性议题及时前置。技术协同的结论应落入管控要点，以免后续各做各的，最后拼到一起而难成系统。

如管控地面层公共通道、绿地景观时，不仅要关注地面以上建筑的连接性，还需要考虑统筹管控地下交通、商业等功能空间的通风口、逃生口、电梯扶梯等，不能封堵或阻碍公共通道。

如虹桥商务核心区整体开发项目中的地下、地面及空中的立体步行空间系统，是一个将楼宇、公共空间和地铁站全连通的人性化的慢行系统。从工程落地角度来看，精细化城市设计将二层连廊进行分段——跨越城市道路、结合城市绿化广场的公地权属的公共段，以及跨越街坊公共空间、结合街坊组团建筑的开发地块的地块段，并落实衔接点位置；同时避免二层连廊、地下连通道的公共段彼此空间的位置重叠，避免后续工程难以实施；约定城市二层连廊或平台的高度及净空高度，以及与建筑衔接的关键节点和模式等；约定后建地块应满足与先建地块连通道的对位关系原则等。保障后期建设，实现"通楼宇、兴组团""举三层、拓商面""连上下、利通行""扮公园、美环境"的城市设计目标。

5）相关主体共同参与、统筹协同 *

（1）政府部门组织、协调和保障控制性详细规划工作的开展

基于上海市"两级政府、三级管理"的行政管理模式与规划的系统性，由市城乡规划管理部门统一组织、协调和保障控制性详细规划工作的开展，同时发挥区规划管理部门的主动性。涉及的政府部门包括上海市规划和自然资源局、区规划和自然资源局、街道办、镇政府和相关专业部门等，并拥有实际的事权、人权、财权等。

① 前期研究的多部门共同参与，加强控制性详细规划和专项规划的衔接。由上海市规划和自然资源局下发统一的基础要素底板，确保现状和规划资料信息的准确性。强化相关部门参与规划编制的作用，各部门依据控制性详细规划任务书的要求，提供社会经济和各专业系统的基础资料，并同步开展专项规划的前期研究，各阶段按照不同成果深度与控制性详细规划进行衔接，提高规划的一致性和可操作性。通过多方案比选和城市设计论证，形成城市设计等各类控制要素的基本要求。

② 增加控制性详细规划技术审查，确保各参与主体的意见及相关技术

---

* 摘自：上海市规划和国土资源管理局，上海市规划编审中心，上海市城市规划设计研究院.城市设计的管控方法——上海市控制性详细规划附加图则的实践 [M].上海：同济大学出版社，2018：58-62.

规范要求的落实。成立上海市规划编审中心（简称"编审中心"），将行政管理和技术管理适当分开。编审中心为专门的技术审查机构，在控制性详细规划编制的过程中，对各阶段方案的合理性提出修改完善意见，对程序、基础、规划、规范等进行技术审查，对不同阶段各参与主体的意见落实情况进行核对。

③ 纳入统一信息平台。被纳入统一信息平台的入库电子文件由编审中心审核，在上海市规划和国土资源管理局批复后，按统一的标准予以入库。控制性详细规划的实施将通过统一平台管理，土地出让、项目审批完全根据信息平台上明确的各类控制要求落实。信息平台是保障城市设计落实的关键。

（2）专家对重大事项进行审议和咨询

充分发挥专家在规划制定和实施过程中，对重大事项的审议、咨询和协调作用。

① 对方案的方向性和原则性问题提出建议。控制性详细规划编制前期，对于地区发展方向、需重点解决的问题、相关规划设想等关键问题，充分征求专家意见。专家通过分析区域背景、解读相关规划、评估上位规划并结合规划范围的现状条件，对该地区的规划意向进行探讨，对研究报告或评估报告提出相应的建议，并对该区域的控制性详细规划编制提出具体的规划建议。

② 对控制性详细规划方案的合理性把控。设计单位编制控制性详细规划初步方案后，应就规划范围的功能定位和空间结构、土地使用、开发强度与发展规模、道路交通、公共设施配套、地区环境等规划内容，开展规委专家或相关专家咨询，以保障控制性详细规划方案的合理性与科学性。

③ 对重点地区城市设计的专题论证。依据上海市控制性详细规划管理规定，重点地区须编制建立在城市设计基础上的附加图则。附加图则是将城市设计成果的核心内容转化为城市空间规划管理政策，因此借力专家对城市设计进行评审论证，完善城市设计内容，打造优美且富有特色的城市形象，科学指导附加图则的编制，具有重要意义。

④ 市规划委员会的草案审议意见为控制性详细规划审批提供重要依据。《上海市城乡规划条例》规定控制性详细规划在报送审批前，其草案和意见听取、采纳情况应经市规划委员会审议。控制性详细规划审批阶段，市规划委员会及专家并不直接参与审批，但市规划委员会的审议意见及采纳情况说明须被纳入控制性详细规划报审成果。依托专家力量对规划方案的技术质量、公众意见处理情况等进行审核，以保障规划编制的水平和公平性。

（3）公众发表意见作为规划审批的参考

控制性详细规划与公众生活密切相关，加强对公众的宣传、积极听取公众的意见，对于控制性详细规划的编制具有现实意义。

① 基于需求调研启动控制性详细规划编制。在控制性详细规划编制前期，须就本地区发展目标、发展需求和民生诉求等广泛征集公众意见，通常由设计单位通过调查表或走访的形式予以落实。

② 控制性详细规划编制阶段对公众的公示和意见听取。通过规划公示和宣传，让公众充分参与规划方案的讨论，确保规划编制过程的公开透明。对涉及具体相关利益群体的规划调整：一是进行规划现场公示，听取利益群体意见，作为规划审批的参考；二是运用规划网站、媒体等多种途径，加大规划公示信息的发布力度；三是及时研究公示意见并予以反馈，对于公示后有较大修改的规划方案，须再次组织公示和公众意见听取。

③ 控制性详细规划审批后及时向公众发布和宣传。在规定的时间内，通过在规划网站上公开发布规划信息、在规划受理窗口开设面向市民的规划信息查询室、依托主流媒体发布公众关注度较高的规划公告等方式进行宣传，以加强新闻媒体和社会公众对规划实施监督的力度。

（4）开发主体的市场需求作为编制的协商基础

上海城市发展已经进入城市更新时期，大多数更新项目在规划阶段就已存在权属主体，通过权属主体可进一步明确开发主体。由于开发主体的介入和开发计划的明确，控制性详细规划的编制可通过政府和开发主体讨论协商及有效的公众参与，使公共利益和开发利益充分磨合，达成多方认可的最优方案，并通过法律形式予以确定。

（5）地区规划师与社区规划师的参与

上海也在探索各类非政府组织，如地区规划师、社区规划师等参与控制性详细规划。

地区规划师全过程参与控制性详细规划的组织编制、审批及实施的相关工作，有助于充分发挥专家在特定规划中的技术支撑作用。2010年，上海开始地区规划师制度的相关研究工作，选聘6位专家担任虹桥商务区、普陀桃浦地区等重点地区的地区规划师。2013年，开展了地区规划师试点工作，选派了9位地区规划师参与虹桥商务区、国际旅游度假区、黄浦江沿岸南外滩、徐汇滨江与郊区的重点项目。通过试点，地区规划师在行政沟通、技术指导方面充分发挥了"桥梁"作用：一是市区两级之间、规划部门与设计单位之间的桥梁；二是规划编制和实施之间的桥梁，有效推进了规划编制。但同时受到行政委派、兼职等工作方式的制约，地区规划师在公众协调方面的作用比较有限。

4.4.2 精细化城市设计导则编制内容

精细化城市设计及导则编制体现多规合一。具体编制内容以承上启下、高完成度传导为目标，根据项目设计目标、设计特色，其具体编制要点可深可浅、可粗可细，刚性与弹性相结合（图4-2）。以三亚总部经济核心区精细化城市设计为例*，内容概述见表4-3。

图4-2 精细化城市设计引导框架

---

* 如三亚东岸单元总部经济核心区项目，基地位于三亚市一级重点区域，具备"公共活动中心＋重要水绿邻域"的两类属性特征。精细化城市设计贯彻上位规划定位，采用区域整体开发模式，发挥景观效益和区域活力，以"总部集聚、消费升级，标志突出、南国魅力，艺术点亮、城绿互融"的城市开放街区为总体建设目标。确立七个分目标：一是通过总部基地功能复合和完善城市交通基础设施（预留与轨道交通站的衔接），强化该区域城市副中心的枢纽地位。二是利用滨水资源，打造滨水门户界面，创造气候适应性、品质慢行、交通便捷的滨水商业休闲环境。三是打造迎宾路的标志性门户形象，精心布局塔楼聚落和街区肌理。四是特色化公共空间体系，形成宜居宜业、富有亲和力的共享社区。五是采用绿色智慧海绵等先进技术。六是强化以区域为整体，地上、地下空间统筹原则。七是构筑多方合作、管理主体单位牵头的建设机制。

表 4-3　三亚总部经济核心区精细化城市设计内容简表

序号	项目	设计及管控要素	
1	愿景效果	效果展示、总平面及经济技术指标	
2	区域整体目标、设计原则、设计策略	从不同层面进行逻辑分析和创意思维，找到最有利的开发方向；确立区域整体开发的总目标及分目标*	
3	规划增强管控：复核控制性详细规划指标、增强空间管控	控制性详细规划技术指标详细验证、复核	主要道路界面设计及引导（贴线率、首层透明度、骑楼设置等）
		街区形态布局（包括主体步行网络、塔楼及地标建筑布局、建筑尺度肌理控制等）	绿化指标控制要求（区域整体平衡、区域总绿地率、立体绿化折算方式等）
		建筑退界分类引导（包括地上、地下）	建筑密度控制要求（与开发建设相匹配的合理建筑密度）
		城市天际线的形象特征与视线通廊控制引导（强调城市风貌天际线、近人尺度天际线、不同视角的天际线等）	功能业态复合布局：包括区域总体及地块的功能特征、规模、业态配比等
		建筑高度控制分类引导（建筑高度以女儿墙高度计算）	对照不同生活圈能级的公共服务设施配套要求，查漏补缺，将基本公共服务落实到基层（尤其是 5～10 分钟生活圈的幼儿园、中小学、环卫设施、社区中心等）
4	设计附加引导 / 公共空间体系	整体空间规划结构	整体功能分区
		公共空间结构（水、绿、广场等）；地上公共空间、地下公共区域及其彼此组合的整体系统等	室内、室外 Urban Core 垂直联系节点控制引导（位置，功能，面积，贯穿地上一层、地上二层、地下一层的交通联系等）
		特色/标志性的公共空间或开放界面设计与引导	立体绿化控制引导（包括指将绿化引进建筑立面、地下层和屋顶，增加绿视率）及"天空网格"遮阳体系引导
		二层（或空中）平台系统（包括平台类型、层高、宽度、权属界面划分等）	公共通道控制要求（地上一层、地下一层、地上二层中的位置、宽度等）；街坊内部广场/绿化控制引导
	建筑集群风貌	高层/塔楼聚落风貌引导（主要包括高层布局、体量组合、遮阳措施与立面模数、材料搭配、建筑色彩、层高建议等）	附属物及其他设施引导建议（将附属物及其他设施纳入建筑方案的整体控制，统一规划考虑，重点避让公共通道，避免影响公共空间品质）

（续表）

序　号	项　目		设计及管控要素	
4	设计附加引导	建筑集群风貌	裙房及低多层建筑风貌引导（主要裙楼布局、立体绿化、底层出入口、街道侧界面、建筑立面、色彩、材料等）	重要水绿邻域建筑界面要求（如退台、骑楼、视线通廊或特殊要求等）；其他功能性建筑要求（如商业、文化类建筑设计灵活多变，建筑控制线宜定为可变）
		地下空间系统	地下空间整体连通模式及一体化建设模式（如通道连通、整体连通等）	地下一层公共通道及主要商业动线引导
			地下空间退界、开发层数及分层功能利用	地下二层车行主环路设计引导
			市政道路地下空间权属划分	与地铁衔接、退界和保护等设计引导
5	交通组织引导		周边大交通结构分析、基地区域交通结构分析	区域内部机动车交通动线分析引导，整体布设地面机动车出入口（尽可能地下一层、地下二层、地上一层人车分流，合理引导布设落客区、地下车库出入口等）
			交通需求预测（各种机动车设置总量分析）	整体机动车禁止开口段及交叉口系统（路宽、转弯半径及车行方向、安全路口等）
			初步车行交通研判	地下车行环路控制引导
			车行交通组织原则、车行交通组织对策	地上一层、地上二层、地下一层立体连通的步行系统
			车行交通技术标准及车行交通总体初步方案	街道设计导则，重要道路断面设计引导
			公共交通优化	重要交通设施引导建议（方案如需）
6	总体消防规划设计引导		以区域为整体，进行区域消防平衡	建筑消防施救面及消防登高场地布局引导（视具体情况，借用相邻地块、市政道路等）
			区域消防应急道路系统引导	区域消防控制中心及二级控制中心系统引导（形成区域消防联动）
7	景观空间引导		景观规划愿景、目标	景观结构、功能分区定位、景观意向、植栽、铺装、小品、标识系统等
			总体夜景灯光原则（公共空间场所区域灯光建议、建筑群灯光建议）	

（续表）

序 号	项 目	设计及管控要素	
8	海绵规划引导	上位海绵分区规划引导目标、愿景	控制指标及海绵的措施策略
9	绿色节能、生态环保、智慧规划设计原则	明确规划愿景、目标	区域整体示范性智慧系统（智慧市政、智慧楼宇、智慧地下空间等）
		明确各地块绿建最低标准；优化光环境、风环境、声环境等	各种绿色低碳、环境友好措施规划引导
		环卫设施等规划引导	能源中心或集中供冷（方案如需）
10	人防工程规划引导	明确人防工程的目标、规模、标准、设置的位置	平战结合
11	市政设施/地铁	（水、电、煤、卫、电信等）空间统筹复核（避免标高打架）	积极创造与地铁衔接
12	开发实施模式建议	初步进行分区（分单元）开发建议	初步进行产权界面划分建议

在徐汇滨江传媒港整体开发设计导则中，因二层平台是区域极具感染力、公共开放程度最高的核心公共活动空间，所以给予单列、特别强调，并从以下八个管控要点予以引导落地：平台层覆盖率；平台高度（含平台相对高度 7.5m，平台下净高应满足 5.5～6m）；平台层商服设施；平台层公共通道和连通道；平台层内部广场；平台开口率；平台层绿地率；平台层覆土构造。

4.4.3 精细化城市设计法定成果——附加图则

《城市设计的管控方法——上海市控制性详细规划附加图则的实践》一书全面详细地介绍了上海城市设计的管控内容与方法。本章节仅从项目有效实践的层面，进行简要介绍。

附加图则是精细化城市设计方案的提炼及法定化的成果。附加图则作为控制性详细规划的组成部分，是控制性详细规划普适图则的一种补充。通过"控制性详细规划普适图则＋城市设计附加图则"的叠加管控，将控制性详细规划的法定特性与城市设计空间形态研究特性相互补充、互为配合，实现"指标和空间并重"的管理模式，实现控制性详细规划编制阶段将城市设计纳入控制性详细规划法定体系的一种创新。这种"带方案出让土地"的模式，以落实区域整体开发的设计目标为责任，具有较强的政府引导、公共利益优先的导向，旨在将土地出让前的城市设计成果传导落实到土地出让后的建筑、工程设计中。

1）精细化城市设计附加图则的一般关注内容（有别于控制性详细规划普适图则）

精细化城市设计附加图则的一般关注内容包括：功能空间（地上、地下各层商业设施空间范围，地上、地下各层其他设施空间范围），建筑形态（塔楼控制范围、标志性建筑位置、建筑控制性、贴线率、建筑重点处理位置、骑楼），开放空间（公共通道/连通道/桥梁/地块内部广场范围/地块内部绿化范围/下沉广场范围），交通运输空间（禁止机动车开口段、公共重点交通、机动车出入口、机动车公共停车场、地下车库出入口、出租车候客站、公交车站、非机动车停车场），以及建筑风貌（历史风貌）。

附加图则是将重点地区城市设计控制要素法定化的一种手段和方式，附加图则管控要素通常包含五大类：建筑形态——建筑高度、屋顶形式、建筑材质、建筑控制性、贴线率、建筑塔楼控制范围、标志性建筑位置、骑楼、建筑重点处理位置、历史建筑保护范围等；公共空间——公共通道、连通道、开放空间面积等；道路交通——禁止开口路段、轨道交通站点出入口、公共交通、机动车出入口、非机动车停车场、自行车租赁点等；地下空间——地下空间建设范围、开发深度与分层、地上地下功能业态及其他特殊控制要求等；生态环境——绿地率、地块内部绿化范围、生态廊道等。编制图则的区域根据功能划分为四类，分别为公共活动中心、历史风貌地区、重要滨水区与风景区、交通枢纽地区；再根据区域服务的能级划分为一级、二级、三级。根据不同的类别和级别确定各种不同的具体管控要素，参见《上海市控制性详细规划技术准则》附加图则控制指标一览表（表4-4）。

2）精细化城市设计附加图则的综合性特点

精细化城市设计是设计总控在土地出让前的第一阶段，协助、配合政府主管部门开展的技术咨询服务工作。其导则及附加图则"承上"——尊重上位城市设计控制性详细规划的目标、愿景、总体空间架构，"启下"——为下一步土地出让后的项目建设提供更详尽的控制性详细规划依据。参照《上海市控制性详细规划附加图则》研究，延续控制性详细规划的成果表达和管控方式，城市设计附加图则分成总则、地上一层、地下一层、地下二层、地上二层等各分层图则，实现分层、分要素、分手段（弹性与刚性）的管控引导。

表 4-4 《上海市控制性详细规则技术准则》附加图则控制指标一览表

分类	控制指标	公共活动中心区			历史风貌地区			重要滨水区与风景区		交通枢纽地区		
	分级	一级	二级	三级	一级	二级	三级	一级	二/三级	一级	二级	三级
建筑形态	建筑高度	●	●	●	●	●	●	●	●	●	●	●
	屋顶形式	○	○	○	●	●	●	○	○	○	○	○
	建筑材质	○	○	○	●	●	●	○	○	○	○	○
	建筑色彩	○	○	○	●	●	●	○	○	○	○	○
	连通道*	●	●	●	○	○	○	○	○	●	●	●
	骑楼*	●	●	●	●	●	●	○	○	○	○	○
	标志性建筑位置*	●	●	○	○	○	○	●	○	●	●	○
	建筑保护与更新	●	●	●	●	●	●	●	●	●	●	●
公共空间	建筑控制线	●	●	●	●	●	●	●	●	●	●	●
	贴线率	●	●	●	●	●	●	●	●	●	●	●
	公共通道*	●	●	●	●	●	●	●	●	●	●	●
	地块内部广场范围*	●	●	●	●	●	●	●	●	●	●	●
	建筑密度	○	○	○	○	○	○	●	●	○	○	○
	滨水岸线形式*	●	○	○	○	○	○	●	●	○	○	○
道路交通	机动车出入口	●	●	●	●	●	●	●	●	●	●	●
	公共停车位	●	●	●	●	●	●	●	●	●	●	●
	特殊道路断面形式*	●	●	●	●	●	●	●	●	●	●	○
	慢行交通优先区*	●	●	●	●	●	●	●	●	●	●	●
地下空间	地下空间建设范围	●	●	●	○	○	○	○	○	●	●	●
	开发深度与分层	●	●	●	○	○	○	○	○	●	●	●
	地下建筑主导功能	●	●	●	○	○	○	○	○	●	●	●
	地下建筑量	●	○	○	○	○	○	○	○	●	○	○
	地下连通道	●	●	●	○	○	○	○	○	●	●	●
	下沉式广场位置*	●	○	○	○	○	○	○	○	●	●	○
生态环境	绿地率	○	○	○	○	○	○	●	●	○	○	○
	地块内部绿化范围*	●	○	○	●	●	○	○	○	○	○	○
	生态廊道*	○	○	○	○	○	○	●	○	○	○	○
	地块水面率*	○	○	○	○	○	○	●	○	○	○	○

注：①"●"为必选控制指标；"○"为可选控制指标。②带"*"的控制指标仅在城市设计区域出现该种空间要素时进行控制。

精细化城市设计附加图则的综合性特点如下：它是由城市设计师＋总建筑师主导下的多规整合工作，对各项技术指标的复核验证。对于各个专项规划部门，它更偏重落地实操性，对规划引导及指标具有较强的可管控、可实施性。它进行了专项规划设计，并提出后续规划引导意见和量化指标。它弥补了一般控制性详细规划关注空间结构、建筑风貌，但欠缺对下一步建设实施中如消防、交通、人防、绿化、环保、绿建等方面控制要求的问题。（当上述专项规划引导需要在过程中征询各主管部门意见，召开联席评审会时）它实际解决了控制性详细规划阶段迫切需要的多规合一、综合管控，提高了政府各主管部门建设管理中效率的时代要求。它以图示形象化＋量化说明的表现形式，相比平面化的图则加文字说明更便于下一步建筑设计者的理解与实施。经法定评审后，精细化城市设计导则作为附加图则的附件一并纳入土地出让合同。

3）结合工程实践的进一步思考

问题：精细化城市设计及导则上承控制性详细规划、下启各个建筑和工程子项设计，具有多规合一、综合性等特点。但其工作时序位于土地出让前的控制性详细规划编制阶段，而当土地出让后，一、二级开发商入场后，针对具体各类实施方案的设计、施工、管理等方面所需要的更加市场化、具体化和细化的技术引导，精细化城市设计无法给予支撑，这是精细化城市设计的先天缺陷（时序矛盾，开发主体在后）。

对策：①第一阶段的精细化城市设计减少刚控要素，增强弹性控制原则，为市场留有空间；第二阶段土地出让后的总体方案设计，结合具体实施方案，依据并贯彻精细化城市设计管控原则，逐步增强刚性管控。②土地出让后进行第二阶段的总体方案设计，也是至关重要的一环。既承接精细化城市设计的整体开发意图和管控要求，又从整体角度对土地出让后的各项建筑和工程给予针对性管控引导。

问题：在土地出让前开展的一次、二次城市设计及控制性详细规划，其管控思路方法有缺陷。一次城市设计—控制性详细规划普适图则—精细化城市设计—城市设计附加图则，每个环节的提炼编制依赖于城市设计师对城市空间风貌体系的认知及对空间发展蓝图的理解、研读，若开发主体尚未明确，则缺乏自下而上的诉求、反馈。如将不完善的城市设计转化到图则，并指导管控下一步建设，则在项目实施阶段，附加图则中的管控内容往往产生执行上的困难（无法完备，市场的变化性）。

对策：①改革发展思路：进一步理清政府与市场的关系。从政府管理走向多元主体共治。②建立一整套设计总控技术体系，涵盖土地出让前的精细化城市设计及导则、图则，土地出让后的总体设计方案、总体技术导则、统一技术措施等，贯穿从土地出让前到土地出让后各阶段，直至后评估的全过程，坚持整体性原则下的动态跟进，当需求发生变化时可以随时调整、把控和协调，实现全程环节、多次传导。

简单地讲，应形成设计、土地、建筑管理紧密衔接的管控技术传导体系。第一，附加图则作为土地出让合同的附件，将区域整体开发的精细化城市设计要求纳入土地出让合同。第二，把关实施阶段建筑方案设计环节和方案审查环节。建设单位根据土地出让合同的要求及相应的城市设计说明，委托设计单位进行规划建筑项目方案设计。第三，建设工程规划许可证发放阶段，依据附加图则及相应城市设计说明等进行审核。第四，建设单位根据工程规划许可的要求进行施工，并由规划管理部门根据许可进行竣工验收。如后续建设和实施阶段开展了符合城市设计要求的总控建设方案，则可简化审批流程。

重点区域整体开发项目，通常落地建设投资巨大、建设周期长（8～10年），需要精细化城市设计团队长期服务，参与到后续建设指导和实施阶段，采用一定的灵活弹性和容错性，以适应整个项目全生命周期。主要包括：对规划管理部门、建设单位、专家组、项目设计单位充分介绍该区域的城市设计理念和要求；在项目设计单位进行设计的过程中，充分沟通和共创，确保建设项目作为子项融入区域整体系统之中；在项目方案完成后，对城市设计成果进行反馈、评估、修正等；促进形成"规划管理部门的刚性审查＋专家顾问的弹性审查"的联合审查方式；同时建立长期的公众参与制度，对城市管理过程中具体的各类项目实施进行监督和反馈。

以东岸单元为例，其附加图则如图4-3所示。

（a）总则

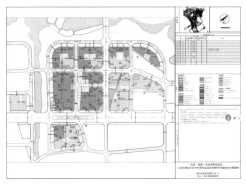

（b）地上一层

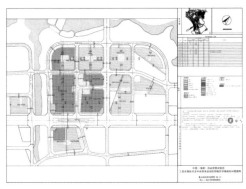

（c）地下一层

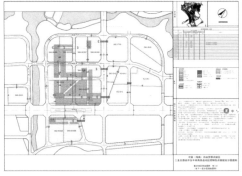

（d）地下二层

（e）地上二层

图 4-3 东岸单元附加图则

5 | 第二阶段：
总体设计方案及设计导则阶段

5.1 四大界面的细化

区域整体开发项目的特点，决定其中的任何一个子项难以独立地开展规划、设计、报批报建、质监管控、竣工验收等建设程序。产权的相互交织起始，导致报批报建及建设管理的界面也相互交织。如虹桥核心区、世博央企总部基地、西岸传媒港等项目，开发模式、产权划分方式均不同。在规划设计、建设管理前，需要依据土地权界，确定设计、施工、管理的界面。四大界面理清是整体开发其他各项工作开展的基础。

四大界面包括：产权界面、设计界面、建设界面、运营界面。四大界面是对开发模式的延伸，从开发模式规定的产权划分方式出发，将界面细化。其中，产权界面是四大界面的基础。为使设计合理、方便建设和运维，四大界面往往是无法完全重合的，为确保下一步工作顺利进行，需要在总控中期进行详细约定。四大界面的划分，应在开发模式的基础上，进一步细化到每条边界，并应以图示加说明的方式表达，成果须由各子项开发单位确认备案。在理清四大界面时，应特别关注一般常由政府承担的道路红线、公共绿化绿线、河道蓝线的地下、地面、地上立面内的土地、设计、建设、管理权属。

以西岸传媒港项目为例，其四大界面示意如图 5-1 所示。

（a）产权界面

（b）设计界面

（c）建设（施工）界面

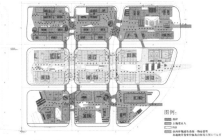

（d）运营界面

图 5-1 传媒港四大界面示意

5.1.1 细化产权界面

区域整体开发项目中，开发模式的多样性决定了产权界面划分方式的多样，项目内业主多、权属多，界面复杂，局部利益与整体利益协调难。因此设计总控中期，子项设计开始前，厘清界面是首要的工作重点。在界面清晰的基础上，展开后续工作才能有据可依。"产权、设计、建设、管理"四大界面中，以产权界面为原始依据，在设计、建设、管理中，部分界面会根据实际情况对产权界面有所突破。

① 开发模式 1 的细化：严格按照红线划分产权界面，产权界面包含红线垂直面的地上、地下空间，对于红线范围内的公共设施和共建共享设施（如地下连通道、共用人防、能源中心等）原则上仍然按照红线划分，实施过程中"设计、建设、管理"界面再进行详细划分。

② 开发模式 2 的细化：基本与开发模式 1 的产权界面划分原则相似，在条件允许的项目中鼓励将市政道路、公共绿地、河道下部空间、空中公共平台、连桥等划入相邻街坊建设用使用权范围内。

③ 开发模式 3 的细化：地上、地下产权水平划分模式中，由于水平红线是隐形的界面，须明确水平界面的物理边界，如传媒港将水平红线定为地下室顶板上表面完成面，地下空间局部，如核心筒、地上专属设备用房。产权界面归地上所有，在条件允许的项目中鼓励将市政道路、公共绿地、河道下部空间、空中公共平台、连桥等划入相邻街坊建设用地产权范围内。

④ 开发模式 4 的细化：由一家开发主体统一建设的模式中，应注重市政公共代建范围和产权出让范围的划分，其中代建范围须划分详细的空间边界，便于后续分摊和代管边界的确认。

5.1.2 细化设计界面

设计界面基本按照产权界面划分，局部突破产权界面的设计事项，应遵循设计导则的统一指导。具体设计界面划分按照以下原则：

① 体系完整性原则。界面划分保证同一体系的设计内容完整，如在徐汇滨江西岸传媒港项目中，开发模式规定产权界面上下划分，Urban Core、疏散楼梯、出地面坡道等上下贯通的设计事项仍然需要跨产权界面设计，保证体系的完整性。

② 边界共同设计原则。涉及衔接的边界，需要相邻两个子项共同设计、协商完成，设计成果图纸也需要包含相邻子项设计的内容，或包含边

界局部。

③ 重要节点统一设计原则。涉及区域整体效果的节点应统一设计至方案深度，再将设计成果分别纳入所在子项进行深化设计。

④ 共建共享设施统一设计原则。共建共享专项独立设计，或在统一规划理念下由所在子项牵头设计，其他相关子项配合。其中，公共衔接部分如市政道路红线范围内的地下空间、地上地下连通道、地上平台等，可被纳入相邻地块统一设计。

5.1.3 细化建设界面

建设界面基本按照产权界面划分。红线范围内由各子项独立建设，其中按照工况需要部分建设内容可统一代建。

① 界面交接复杂区域由一个主体代建。如开发模式 1 和开发模式 2 中的基坑及地下围护结构、开发模式 3 的建筑核心筒地下部分等。

② 同一设计界面由一个主体代建。如开发模式 3 中的地上公共平台、公共景观等。

③ 共建共享项目由所在地块代建。共建共享专项可被纳入所在地块的子项建设中，由地块内代建。

5.1.4 细化运维界面

运维界面基本按照产权界面划分，并且应被尽早引入物业专项研究，指导物业管理界面细化：①市政道路、市政配套、独立公园绿地由市政运维管理。②地铁及其地下步行通道，由地铁公司运维管理。③公共部分和共建共享部分建议大物业统一运维管理。④大物业无法到达的区域（地下连通道等）建议由相邻子项代管。

5.2 技术统筹

5.2.1 设计导则的必要性和时效性

区域整体开发总控中期，技术难点诸多问题，诸如规划条例、消防问题、绿化问题、交通问题等，都可以归结为：①分管审批部门各自为政，建设行政审批的相关技术规范和法律法规，未能与控制性详细规划协同创新调整形成配套文件体系。②设计子项各自为政，其之间缺乏交流，不能形成合力。在建设实践中，虽通过大量的技术协调手段对上述问题逐一解决，但单体建设审批的效率下降，协调难度较大，影响建设开发的速度和质量。

1）总体集约统筹综合平衡的需要

区域整体开发项目一般基于绿化、景观、水系、总体消防、交通组织、人防布局、供能系统、绿色节能、结构、机电系统、夜景灯光、引导标识、智慧系统、物业管理等专项的统一规划设计、综合平衡、统筹计算。单项技术指标基于区域总体技术指标，在实施前统一进行总体方案及导则的编制，为下一步建设实施制定规划。

2）各方利益平衡的要求

区域整体开发项目有诸多二级开发商参与，政府与一、二级开发商的利益诉求不尽一致，总体设计方案是实事求是，在尊重上位控制性详细规划目标、愿景的前提下，平衡各方利益的必然要求。

3）报批报建建设程序的必需

区域整体开发项目中的诸子项无法"单打独斗"地开展建设程序，经有总体统筹的总体方案和导则作为其"技术背书""保驾护航"，方能开展报批报建等建设程序。子项和总体方案密不可分，总体方案及导则是区域整体开发的技术标准、报批报建的审批依据。

4）各专项深化设计、协调可能的矛盾，细化量化各项技术指标到各子项地块的需求

区域整体开发项目的总体设计方案及导则，是对上位控制性详细规划的细化、量化，是对未来建设程序中涉及的消防、交通、人防、绿化、水务、绿建节能等专项进行的详细的建筑方案深化专项设计分析，基于总体方案专项指标量化、细化到每个子项每个地块，对各专项设计间的矛盾冲突点进行提前协调、明确结论，为下一步项目的报批、报建、报审、建设实施铺平道路。与常规单项开发不同，区域整体开发的总体方案及导则编制中，各专项须特别关注整体设计和单项实施之间的关系。

建议此类项目中，政府各相关审批部门应相互配合，对矛盾或缺失的技术条文进行补充完善，在审批中考虑对于交通、绿化、环保、人防等专项评

审采取区域整体评价覆盖单体评价、区域整体指标拆分到单体实施的综合平衡模式。有些整体开发项目，按常规开发的程序单项各自推进后，发现整体的交通、消防、景观等均为"结构"散乱成"一盘沙"，此后工程急修、急补设计总控编制整体开发总体方案及导则。

区域整体开发项目的总体方案及导则的编制是设计总控的核心技术工作。它是项目下一步所有设计工作的"技术落地标准""技术协调裁判规则"，是各子项设计的技术指导手册，对于整体开发的设计、报批、施工、未来的运维的依据，它具有前瞻指导、落地实施的关键作用。

区域整体开发的总体方案及导则并非一成不变，它随各地块开发商的陆续进入，经政府与一、二级开发商协商平衡，可在总体目标、系统不变的前提下，对局部进行调整、修订，调整、修订的内容达一定程度后对导则进行整体升级，所有总体方案及导则具有动态适变性。设计总控中期工作，在技术统筹方面应基于设计导则，针对技术问题分专项进行实时跟进的管控与设计。在世博 B 片区和西岸传媒港两个项目中，都利用了总控导则升级和专项总体设计的方式推进工作。

综上所述，区域整体开发项目的总体方案和设计导则，是基于项目自身特点所必需的，它是城市设计控制性详细规划和单项设计承上启下、不可或缺的中间环节。它具有以下特征：

① 落地性。基于上位控制性详细规划的目标需求，综合平衡政府与一、二级开发商利益，以建筑方案的深度对控制性详细规划的各项指标进行技术论证细化、量化，使控制性详细规划的各项指标基本落地。对未来建筑过程中，各主管部门管控设计专项内容进行详细综合分析论证，使各项管控内容在建设前得以综合平衡，明确量化和指标，实现真正意义上的"多规多部门管控合一"。

② 实操性。它由建筑帅统筹主导，对控制性详细规划后建筑设计、报批、施工、建设中可能遇到的各种矛盾问题有精准的控制，对目标愿景有更深的理解和坚守。建筑师编制的总体方案及导则对于指导下一步的各单项设计具有很强的针对性、指导性。

③ 法定性。其深度和体制类似表达，作为附加图则的技术支撑和附件，经相应政府部门或整体开发牵头单位共同认可备案后，在具体建设范围内有法定性。

5.2.2　设计导则的关注要点

1）权属、职责及四大界面细化成果的落定

权属、职责及四大界面是设计导则成立及运作的基础，应在导则最初篇章里，作为依据条件进行梳理和明确。四大界面应依据用地红线梳理，对权属、设计、施工、建设、运营界面进行细化、量化、图示化。权属界面的梳理是一切工作的起始，不同的权属界面导致不同的开发建设模式，也必然影响设计、报建、施工、运营等开发建设流程的推进。

权属分土地、房产权属，一般土地权属决定了房产权属。权属界面决定了设计、施工、运管界面，以及未来法定招标、报建的所谓"标段"。土地权属，即用地红线界面关系，对下一步各项工作具有决定性的影响，而这常在土地出让及设计总控入场前已由政府决定。一般不同的土地出让形式、土地界面，导致四种不同的区域整体开发建设模式。而各种区域整体开发模式各有利弊，没有高低之分。总控入场后，应针对权属及整体开发目标，制定相应合理的界面制度，来预判和应对不同模式下开发过程中可能产生的问题。

四大界面梳理中须关注以下几点：

（1）街坊内的红线划分

目前城市建设中推广的"窄路密网"、街道化的开发模式，决定了街坊本身 $1～3hm^2$，街坊单边尺寸 $120～180m$，街坊内再细分土地小红线，出让给不同的开发主体。街坊整体性导致各小地块无法独立，整体交通组织、景观、绿化、消防须建立在街坊一体化与总体方案及导则的基础上统筹平衡。如统一的基地市政道路出入口，地库出入口，交通动线组织、货流、环卫、物运动线及货运点，地下室的标高、动线等。街坊内的绿化景观统筹规划设计、平衡计算。总体消防应急道路基于街坊总体交通组织，街坊内可以合用消防登高场地。

在处理街坊内设计要素时应注意，地块内的小红线是法定权属界限，而并非实际的物理边线。地下空间的交通组织、消防分区等物理边界与法定红线并非绝对吻合。公共部分，如货运场、公共垃圾房、公共坡道、公共交通环路等，须以总体方案及导则为基础，确保开放、共享，并以各业主协议的方式统一物业管理，以确保未来开放、共享。

（2）街坊相邻的市政路的上、下权属界面

道路地下空间归入相邻地块，机电系统、逃生、结构和围护与相邻地

块一体化设计，同步实施。同理，道路上空天桥、平台等在实施过程中常因身份权属不明而导致拖诿、扯皮的情况。应在开发前的总体方案导则中予以明确。

在实践中，道路下方空间由政府独立立项、独立开发，若道路对各地块形成空间的物理割裂，对地下空间的一体化、开放、共享形成不利制约，则道路下的空间难以形成如商业、餐饮等独立的功能性空间体系。刚性的消防系统，如逃生疏散、机电防排烟系统，很难在道路红线范围内独立自主解决，一般须借用相邻地块的空间、设施。如道路红线宽度在20m以内，一般独立立项开发的功能仅能做配套车库，以弥补相邻地块车位的不足，功能开发受制约的问题。

另一种道路权属划入相邻地块，这种土地权属界面划分较适应区域整体开发，地下空间的相邻地块统一利用。路面的市政管线、路面交通人行道、行道树、路灯、交通信号归政府权属界面。这种路面与路下空间归属不同权属主体的，因上、下空间的边界不清以至产生较多矛盾。而且，政府市政统一规范标准要求仍会对相邻地块及地下空间的利用形成较多制约。

综合上述实践经验，如"窄路密坊"区域的市政支路小于20m，建议道路红线自上而下设计、建设权限划入相邻地块，以利区域整体开发打造，可减少市政路市政管线的覆土深度，以地块小市政的总体布置对原市政道路下管线进行精简，对密度较大的市政设施建设进入式综合市政管廊。

道路上放公共连廊、平台产权、设计、建设、运管的权属纳入相邻地块，属性是相邻建筑的一部分时，按使用建筑平台、连廊标准进行设计，而非将其定性为市政桥梁。如封闭式的通廊，假如其24h向社会开放，则其属公共开放性，统计面积时建议计面不计容。其机电、消防系统，应纳入相邻地块总系统中，应能独立计量以便未来运营管理。道路上空平台的结构立柱，最好结合相邻建筑结构，如须增设立柱，则应控制在地块红线内，同时考虑与地块和市政管线的冲突平衡。

（3）公共绿化、河道下空间的权属

公共绿化、河道下部空间的整体开发利用，在土地出让前，须前瞻性地明确其下部、上部空间的利用及相关权属界面。公共绿化一般权属归政府，由市容绿化局监管。如公共绿化本身面积不大，且嵌入在区域大红线内部，其独立立项的物理条件如消防、交通、机电设计空间等不充分时，则建议不应将公共绿化划成独立权属，而应将公共绿化下的地下空间开发权属划入相邻地块，但公共绿化的覆土深度要求及上下界面，在其地下空间分离前应详细明确。

河道蓝线下的地下空间利用原则类似于公共绿化，其河道本身的水务要求，如面积、流通量、驳岸、水质等由水务提出明确量化要求。基于区域整体开发项目主体综合、开放、共享的特点，在绿化河道上空可能设天桥、平台、通廊等，其权属及界面参照道路上方的权属界面，最好在土地出让条件或在总体设计导则中明确。这些常常在项目开发进程中的"隐患及障碍"经前置明确，予以排除。

综上所述，权属界面的划分直接影响区域整体开发模式，对下一步的设计施工管理均影响巨大。一些权属模糊的区域，如市政道路区域、公共绿化区域、河道区域，如在土地出让后界定权属、设计、施工、运管的界面，则耗时耗力，现状是常在土地出让后，依据总体方案及导则的权属界面，补办相关权属手续。权属问题依据总体方案及导则的内容，应尽可能前置，纳入控制性详细规划及附加图则，作为土地出让合同的附件，这是区域整体开发模式的理想流程。

区域整体开发项目中，为了尽量减少权属界面上的纠葛，建议尽量将区域大红线内的原本政府权属划入市场，依靠市场的力量进行统一规划、设计、建设、管理。

2）规划、建筑设计导则

（1）工作要点一

基于上位控制性详细规划目标，综合总体设计方案，梳理出项目的要点、特点、亮点，并整体性地进行量化控制。项目的要点、特点、亮点须时时回头看，自始至终予以坚守、坚持。在整体开发项目中，应重点关注以下可能出现的设计要点：①区域超大平台，须控制其标高、净高、平台覆土、平台上下的消防对策。②跨越市政道路的天桥、平台，须明确天桥、平台的产权，土地、房屋权，设计、施工、运管权，天桥的技术指标包含计容面积、不计容面积、绿化、消防、机电系统、结构统筹系统等。③上下联动、左右互联的公共下沉广场，须明确位置、大小、见天面积、权属等。④公共环路，须明确环路的属性，环路周边衔接界面的关系，环路和各地块的界面，环路的净重、限速、净高等技术标准。⑤公共绿化综合指标，须明确其四大界面、地下空间的开发及与相邻地块的界面关系、覆土及其他技术标准。⑥公共空间轴，须明确最小空间尺度，包括宽度、净空等。须明确公共空间轴与其他节点，如下沉广场、公共绿化等的关系。还须明确公共空间轴配合建筑的贴线率、开放率、通透率及相关功能布置要求。

（2）工作要点二

其他控制性详细规划中的常态性规定，应关注其落地性，包括：①区域建筑规定的控高及轮廓线约定。②区域建筑规定的空间结构整体性、统一性。③各层平面的控制要求，尤其是涉及公共空间的地下各层、地上层及平台层。④各层平面的连续界面、节点。⑤区域绿建、海绵、规划设计要求。

（3）工作要点三

规划层面统一的交通系统、景观系统、人防系统、水系系统、灯光、标识、能源系统，在各专项中以整体的设计角度梳理、细化、明确控制要求。

（4）工作要点四

基于区域综合平衡，对规划控制指标进行分地块、总区域两方面的复核、分析，最终分地块量化落地。总体方案应以落地实施方案的深度进行量化分析，以区域街坊总指标符合控制性详细规划要求为目标。用地面积、地上、地下建筑面积，建筑业态功能，建筑容积率，建筑高度，建筑密度等基本控制性详细规划刚性指标，是总体方案的基础与底线。绿地率、机动车数量、公共开放空间对建控线、贴线率，以区域、街坊进行综合平衡统筹。对于控制性详细规划要求的各地下层设计要点、各地上层设计要点，以方案深度在总体方案中进行分析、复核，尽量符合控制性详细规划要求。

（5）工作要点五

通过量化手段调节建筑形态。建筑不宜紧贴红线、蓝线、绿线，以利机电管线、施工操作、未来运营边界的划定，减少矛盾。沿路贴线率控制应论证交通及视线通廊的要求。沿路线性公共绿化不应成为地块建筑的绝缘隔离带，应根据建筑要求，适当开设车行、人行出入口（图5-2）。

图5-2 传媒港整体效果图

3）总体交通设计及导则要点分析

总体交通设计是总体设计的重要内容，是区域整体开发项目总体设计及导则的技术之"纲"。统一的交通组织设计，以区域大红线为目标进行，是创新、集约、绿色、开放、共享的重要抓手。

区域统一的交通组织设计对各地块的单项设计有决定性的影响，但在控制性详细规划阶段常因深度不足而导致交通专项成为控制性详细规划的薄弱环节，影响下一步单项设计和开发建设的进程。如果以"一事一议"的方式对碰到的问题进行应对，则低效且耗时耗力。总体交通组织设计方案及导则，拟以方案设计的深度对区域范围内的所有交通要素进行详细设计，在总体方案合理、安全、高效的前提下，将总体交通量化落实到各地块，并经交通主管部门审核确认，作为下一步各地块交通设计的依据和前置条件，将区域内各子地块的交通组织设计的问题从区域总体层面一揽子解决，加快各地块的设计进程。

"窄路密网"的区域整体开发项目的各级开发地块面积偏小，如世博B02A、B03C地块，按独立项目进行交通方案设计及报审，一般需2个基地出入口、2个地库坡道出入口，以及货运、垃圾场、垃圾房等环卫出入口，而现实条件下交通主管部门不允许各地块分设各个出入口和坡道出入口。区域整体开发项目中，对整体交通进行整合、统筹、开放、共享，以区域总体进行交通组织设计，成为区域整体开发的重要环节。

总体交通组织方案的项目背景分析、交通设计依据、交通设计目标、项目周边交通环境分析评估，同一般的交通设计方案及评估。其中，交通量的分析评估及机动车数量设计、设置标准，规划和交通主管部门常有不同侧重。交通组织中特别关注地铁、公交、轨交、隧道等公共交通的作用及影响。规划基于绿色交通、环境友好、资源节约的理念，要求公交优先，其规定的机动车设置标准较低，建议在控制性详细规划给予明确，作为后续设计的依据。区域整体开发项目，通过设计导则确定基本停车位数量后，如覆盖一般性的其他各专项标准、规范，应征询各主管部门确认。

基地机动车出入口，经征询交警主管部门意见，严禁在禁开区开口。出入口及公共车行道路，尽量设于相邻用地红线的边界、公共区，因其公共开放性，不宜设于某一地块红线内。基地出入口的设置结合基地交通组织动线，各建筑落客、候客便利，以及基地出入口的平衡均衡。一般一个街坊设2处基地公共出入口，另设消防应急出入口。一般基地出入口的绝对尺寸控制在7.5m，如2～3家合用，其开口可放大到11m。基地出入口牵涉街坊内各方利益，应经协调各方确认，并开放、共享。

机动车地库出入口的设置，在控制性详细规划中无法明确，但在区域整体开发及单项设计中是必不可少的关键要素。结合主体交通系统的整体计算，尽量减少地库出入口。一般整体开发项目区域内以行人为主，车行主要利用地下环路，从地下环路进入地库的出入口亦可作为车库出入口数量计算。机动车地库出入口应设置于基地出入口附近，尽量结合建筑设置，解决用地块较小、地库开口影响地面景观的问题。公用出入口以开放、共享的理念，与地块各业主进行协商确定。

基地大巴停车位、出租车、临时上下客位，以及地下一层集中货运装卸场、垃圾装卸场、垃圾房等共用交通组织要求，须在总体方案及导则中，明确位置、数量、权属、未来运营要求，开放、共享，大物业统一管理。

街坊内各业主须进行综合利益平衡，如交通要素在某一地块中设置，其他公共要素，如开关站、绿化、人防等，应尽量设置于其他地块。这些经由设计总控在主管部门各大、小业主间反复协调、平衡，以便交通组织方案得到各方认可。

地下空间可考虑通过区域公共地下环路解决一部分到发问题。明确地下环路的属性与标准，将其定性为市政道路或车库环路。一般情况下，仅为区域整体开发项目本身服务的匝道出入口设于区域内，其属性建议为车库环路。尽量利用原市政道路红线下空间设置公共环路，公共环路边界尽量不进入街坊用地红线内，公私边界划分清晰。车道的净高、净空、速度等技术标准，由交通顾问及交评分析计算确定。关注公共环路进入各地块时的交通缓冲管控，以及边界处理。结合地下广场，尽量提升环路环境体验、地下空间的识别性及环境品质。地下环路的出入口（匝道）设置，结合公共绿化，与市政道路便捷衔接，不宜设计在地块红线内。公共绿化中设环路匝道应以导则的形式予以明确，并征询绿化部门的认可（图5-3）。

公共货场、垃圾房的位置及净空要求：选择在车库坡道设立附件，可减少对地下空间的干扰影响；公共货场、垃圾房的数量按主管部门的要求及计算确定；货运区净空、垃圾收集运输区操作区净高按环卫部门要求；街坊内有若干家权属主体时，建议合用一处货运场、垃圾房，明确范围及物业管理的边界。

地下一层因常设有商业、员工餐厅等功能，一般层高较高，应保证商业区净高。地下一层因商业、上部主楼的功能性配套，员工餐饮、健身、会议，以及机电配套用房的功能布局，车库一般放在地下二层以下。地下车库交通

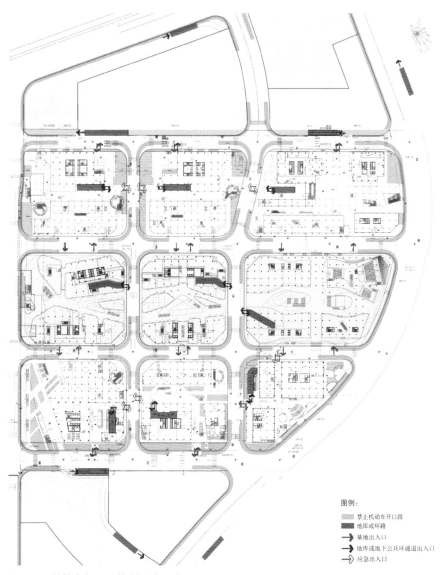

图例：

▨ 禁止机动车开口段
▧ 地库或环路
⇒ 基地出入口
⇒ 地库或地下公共环道出入口
⇒ 应急出入口

图 5-3 总体车行开口控制要点示意图

动线简短，方便联系各地块，明确其公共、开放、共用属性，经由大物业统一管理，同时尽量考虑用地红线内小物业管控的边界便利。

　　地下人行交通动线，以公交、地铁站为源头，与轨交、公交融合在一起，为设计商业公共交通动线及上班人流直通各主楼下门厅的通勤动线。人行动线的节点结合下沉广场设计上下联动的交通枢纽、空间导向标识节点、地景、室内空间室外化的节点、动线简明扼要（图 5-4）。

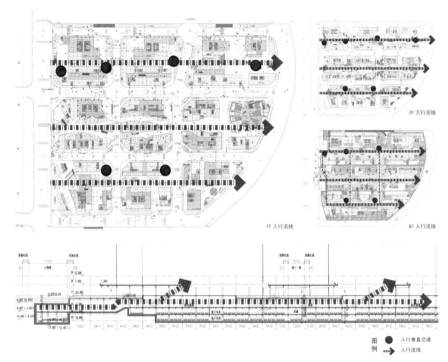

图 5-4 总体人行交通设计要点示意图

　　机动车停车配建统一设置。以区域整体为目标，进行总车位数的综合计算。以地块红线为界，尽量就地平衡，落实相关机动车指标，市政道路下空间的停车位可对相邻地块进行补充、平衡。各地块的机动车数量，包括新能源车、无障碍车、货车车位等，均在车库各地下平面中定量定点编号标注。区域整体开发项目机动车车库尽可能由大物业统一管理，交通组织设计基于区域整体综合平衡，总体交通组织方案经交通主管部门确认后，作为各单项交通设计的依据及前置条件。非机动车及共享单车布置，在各地块分别平衡，并被纳入总体交通组织设计方案。

　　总体交通方案是总体设计中的关键内容，其基地出入口、地库出入口、地面、地下交通组织动线、地下环路、下沉广场、货运流线，影响并决定了平面的基本格局，对未来使用、运营影响深远，须在开发建设前以法定的形式给予明确。区域整体开发项目中的诸街坊、街坊地块无法交通自主，总体交通组织方案必不可少，交通研究工作应尽可能前置，避免交通导致的整体开发未达预期的情况发生。

4）总体消防设计及导则要点分析

基于区域整体开发项目的诸项特点，即小街坊、高密度、窄路密网、高强度、多主体、高度集约、综合、开放、共享，小地块难以在自身红线范围内独立地形成消防总体方案，总体消防设计及导则在控制性详细规划、附加图则及编制精细化城市设计阶段常被忽略，而总体消防设计对单项设计具有决定性影响，决定了单项设计的格局。总体消防设计及导则在时序上应尽量前置，在单项设计开展前须有法定作用的总体消防设计及导则作为前置条件。

总体消防设计方案及导则，应从总体全局的视野综合考虑，综合平衡规划、交通、绿化、市政诸部门的管控要求，须平衡街坊内各个权属主体的切身利益，同时须符合《建筑设计防火规范》。

各高层建筑的消防应急道路系统：充分利用街坊内部道路交通系统，如必须增设基地消防应急出入口，一般人行道侧石不破。如街坊边长在150m以内，则可利用整体开发区域内，所在街坊四周的市政路作为建筑的消防应急环路，但街坊内须设均衡穿越内部的消防应急道路，与市政道路衔接形成环路。利用周边道路作为消防登高场地，须经交警、市交通委员会、消防、市政、绿化、技防办等主管部门协调确认。道路设计须符合消防规范的要求，如借用人行道和机动车道，则道间高差小于5cm。登高处行道树一般改设大型可移动容器树，路灯、交通信号、广告、监控等市政设施高度小于5m，须符合消防登高场地的规定要求（图5-5）。

消防施救面、消防登高场地的设定：利用街坊内部的道路系统，在消防登高场地处按消防规范扩大道路宽度。在符合控制性详细规划规定的高层建筑建控线的前提下，充分考虑建筑消防间距，消防登高场地距建筑大于5m、小于10m的规范要求，分设各高层建筑1/4周长且不小于一个长边的消防登高场地。如相邻建筑在用地红线边界处形成合用登高场地，则须征得消防主管部门同意。如周围的道路为一级开发商权属的内部街坊路，则可利用街坊路作为消防登高施救面。一般情况下，因街坊内部密度高，难以完全分设消防登高场地，而合用消防登高场地，根据基地实际情况，消防登高场地的尺寸应适当扩大，大于规范要求的10m×15m与10m×20m。在有条件的情况下，增设消防施救面及相应的登高场地（图5-6）。

消防控制中心及控制系统：分区分级管控，上级对下级均可监可控。每个小地块，基于红线范围设独立的消防系统。每个分区可设分消防控制中心。区域设总消防控制中心，如消防安控系统及其他管控中心合设一处，形成区域总控中心。

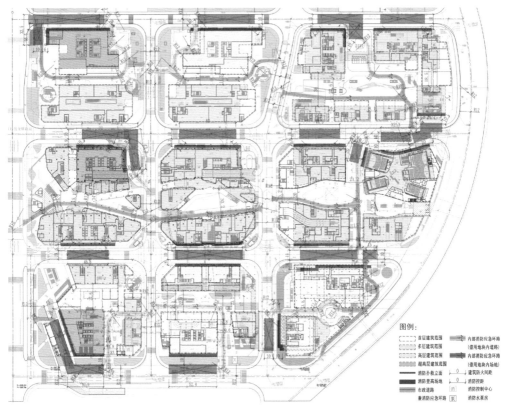

图 5-5 总体消防设计点示意图

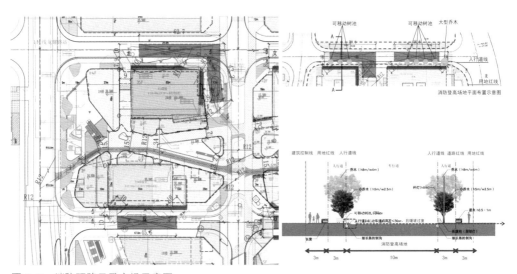

图 5-6 消防环路及登高场示意图

因产权及未来运营计费的限制，小地块业主在各自地块内设消防给水环管，如经各业主统筹，并经消防部门认可，可在街坊内集约设消防给水环管，确保两路进水。

区域整体开发中，公共开放的平台层可作为消防疏散的亚安全区，上部建筑疏散逃生到室外大平台即算安全疏散。通过大平台能从疏散楼梯疏散到地面层。疏散宽度须经消防总体方案计算确定。平台层到地面层的疏散点，疏散宽度应经统筹计算确定。具体实施中由各地块业主负责。所有消防总体方案确定的逃生楼梯逃生点 24h 开放共享。道路上空的平台权属一般由一级开发商负责，根据实际情况，被纳入相邻小地块结构、机电的界面更易划清。平台下的消防设计要点包括：平台下空间设定为室内、室外的亚安全区，周边道路及无平台见天区为安全逃生的安全区。在西岸传媒港项目中，由于当时规范尚未更新，设计参考有顶商业街，平台下任一点到达安全区的距离小于 60m。平台下空间净空约 5.5m。平台下亚安全区的自然排烟尽量设自然排烟口，其间距小于 30m，每个排烟口面积经计算确定。平台下的消防报警灭火设施参照商业街设置。

区域整体开发项目总体消防设计须关注的其他事项，包括：区域能源中心独立消防分区，与其他相邻内容完全用防火墙隔离。区域能源中心一般独立产权，独立第三方运营，为节约用地，减少对街坊内部的影响，一般设于市政道路下、公共绿化地下空间，结合相邻地块的裙房屋顶设置冷却塔、设备、烟囱等。区域能源中心的位置、大致面积、权属边界、配套设施的布置，以及能源中心和小业主之间的产权、管控边界、计量费用分摊等，均须在开发前由专项导则明确，以免后续产生矛盾和冲突。

地下环路消防设计：地下环路介于市政隧道和车库公共通道之间，如消防明确其市政道路属性，则按地下市政道路消防设计规范；如明确其地下车库的公共通道，则其分区可被纳入相邻车库。一般情况下，地下环路独立消防分区，消防疏散借助相邻地块的疏散楼梯。

超过 2 万 m^2 的地下商业空间按规范完全隔离，或中间设地下广场、防火隔断等。

区域整体开发项目各子项消防设计完全按《建筑设计防火规范》完成。

5）绿化景观总体设计及导则要点分析

在总体规划、建筑方案基本稳定的情况下，综合形成区域整体开发项目的总体绿化景观方案。梳理确定绿化景观方案的特点、要点、亮点、设计目标、落实策略，每地块落实各绿化景观要素的总控要求，包括铺装、小品、灯光、绿植、土壤等。绿化景观控制要素因地制宜，分为刚性控制项和弹性控制项：刚性控制项，为实现绿化景观目标必须执行；弹性控制项，小红线内建议内容由小红线景观深化设计时可个性化发挥。

有些绿化主管部门关注的量化指标，在绿化景观总体导则中须刚性明确，如各地块绿化率、集中绿地率、覆土厚度、绿植配置要求，绿化主管部门对区域整体开发项目的绿化管控更关注区域整体指标。设计总控可基于总体绿地率指标及总体方案，将绿地率指标拆分落实到各街坊小地块内，涉及各地块方案的规划、消防、交通方案的综合平衡，落地可行，并经主管部门审核认可，作为下一步单项建筑绿化报审的依据。

公共绿化中的设施，如地下室出地面疏散楼梯、汽车坡道、风井对绿地率计算的折减，沿路线性公共绿化交通开口后的折减，地下室顶板绿化、平台绿化计算的标准等，应在导则阶段明确原则（图5-7）。

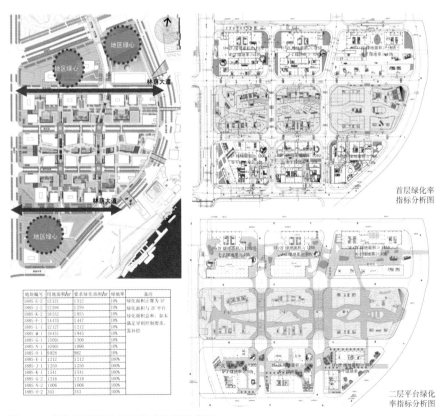

图5-7　绿化景观总体设计要点分析示意图

6）结构总体设计及导则要点

因区域整体开发项目一般以大红线范围设统一集中的大地下室，所有子项均集约坐落于一个超大地下室，即整体基坑之上，基于建筑总体方案编制结构总体方案及导则，是确保结构总体有序安全的必要措施。结构总体方案及导则要点如下：①统一建筑分类等级。②统一抗震设计标准：沉降和变形控制标准。③统一混凝土、钢筋、钢材、非承重的其他墙的选材标准。④统一设计荷载标准：特制须统一，消防荷载、地下室顶板施工荷载、室外地面荷载、地下水压力、土压力及基本风压和雪压等使用活荷载。⑤结合大基坑围护方案，提出分基坑施工时序。结合各项开发计划，对分隔围护墙两侧的结构板底板、楼板的板厚、板筋等做节点规定。一般基坑按中间分隔围护墙拆与不拆两种情况考虑是否进行二次结构设计。⑥对跨越小红线的道路红线的天桥、平台进行结构方案设计，划清设计、施工界面，设计分缝位置及节点处理。⑦对超大地下室进行整体结构方案设计，并进行抗震验算、抗浮验算、温度作用效应的计算，以及地铁保护区基础、桩基设计。⑧超大地下室后浇带统一设计。⑨编制混凝土质量及裂缝控制技术要求。⑩统一地下室嵌固层的技术标准及要求（图5-8）。

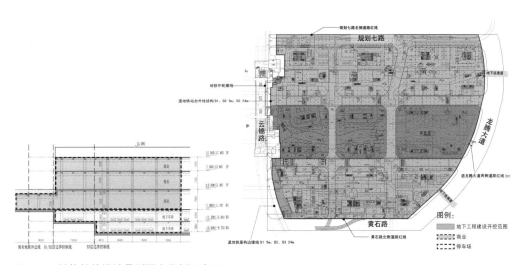

图 5-8　总体结构设计导则要点分析示意图

7）总体机电设计及导则要点分析

机电系统中含有诸多集约、共建、共享的系统及机房，如能源中心、冰（水）蓄冷、雨水机房、雨水回收、中水利用、应急电源机房、电业开关站及相关路由、区域总区及分区消控、安检中心等。一般在控制性详细规划和城市设计中未体现矛盾性，而在区域整体开发项目中，是利益平衡迫切需求。如总体设计方案及导则在土地出让程序完成前确定其法定地位，会大大减少在实施过程中的阻力。

大红线内总体管线的集约化布置对机电管线的集约、高效、节约及地下室空间的综合充分利用有重要意义。大红线内的街坊路属一级开发商权属，小市政管线的总体设计须征得市政主管部门的认可。大、小市政的权属界线，产权、设计、施工、运管界面，经相关方明确。综合管廊所有小市政水电管线、所有总体管线的布置，须由水、电、风各工种综合协调（图5-9～图5-12）。

（1）给排水总体设计及导则要点

梳理大红线外给水、污水、雨水及燃气等市政管线规划方案，在大市政管线规划方案的基础上对大红线内部的街坊道路小市政管线进行总体设计，在"窄路密坊"的总体格局下，总体管线皆有收有放，设几条集约化又能统筹各地块的综合管廊，其余街坊路下不设市政属性的管线。

根据规范，统一用水、排水定额标准。根据权属划分给排水系统，建议主机房位置、面积、给排水总体路由。基于区域整体开发项目总体所需，绿建星级标准、海绵城市所需的雨水回收机房等统一在总体方案中明确位置及规模。

（2）暖通总体设计及导则要点

根据各地块地上、地下功能、面积，按国家和地方相关规范、标准，对各地块的冷、热负荷进行计算统计。能源中心一般由一级开发商的土地权属建设，由各业主联合第三方绿能公司未来运营管理。能源中心的建设对区域整体开发影响极大，一般在控制性详细规划中未明确其土地权属、位置，在各一、二级开发商明确后，在哪里设置能源中心均有极大阻力，须花很大的时间、精力进行协调落实。能源中心须在政府主管部门的指导支持下，由各业主联合协调，形成建设协议，由设计总控进行总体方案及导则设计，明确四大界面，将建设费用、未来单价在业主间以建设协调给予明确。

区域整体开发可结合整体地下空间优势，设置区域能源中心。其第三方运管方选择、选址、设计、功能、路由，各种建设费用分摊，权属界面划分，供能标准及计量规则等的系统的问题，一般由业主间的建设及运管协议协商明确。能源中心一般占地空间规模较大，拥有冷却塔、烟囱、油罐、冰蓄冷、水蓄冷等配套设施。能源中心的冷却塔、烟囱等配套设施，对周边建筑有较大影响。计面计容须征得主管部门支持。能源中心一般设于一级开发商权属的道路公共绿化下，冷却塔等设于相邻地块的裙房屋顶。

各地块内的暖通设计按国家和地方相关规范独立系统设计。

（3）电气总体设计及导则要点

按国家和地区规范标准，统一建筑物用电指标，并对各地块用电量进行初步计算。根据各地块用电量，进行电业站的总体布局。一般小于15 000kV·A 设 10kV 电业开关站，一般大于 15 000kV·A、小于 60 000kV·A 设 35kV 电业开关站，电业开关站须设于首层，且产权归属电业部门，因此电业开关站的布置牵涉各业主切身利益，须由设计总控合理设计、布置，并与业主的供电部门密切协调。根据各地块用电量进行用户变电站的布置，用户站权属业主，且为业主服务，其设置、协调的阻力极小。但电业开关站、用户变电站的布局相互关联，总体布局牵涉到各地块业主利益，因此综合平衡也是设计总控工作的一部分。

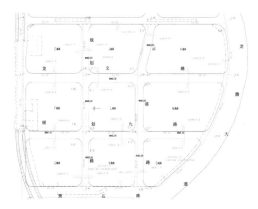

图 5-9 西岸传媒港周边道路给水管接口示意图

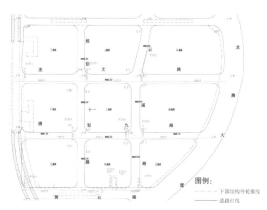

图 5-10 西岸传媒港周边道路燃气管接口示意图

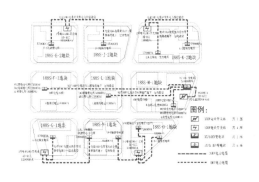

图 5-11 西岸传媒港电业开关站与变电站示意图

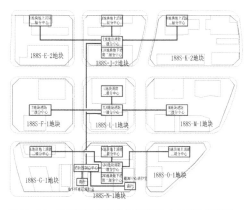

图 5-12 西岸传媒港消防控制中心布置示意图

梳理与确定消防控制系统的区域构架，对平面、空间予以确定。消防总控制中心或分区一级消防控制中心属各业主共有、共享、共管，须尽早确定其机电架构、未来的运管界面。

应急电源的柴油发电机组设置，基于共享、共用、共建的原则，相邻业主协商确定其位置。

此外，弱电系统还应关注通信引入及运营商机房的设置，确定位置、面积，并且明确安防系统构架及对标要求。

机电总体设计及导则的编制应基于总控建筑师的统筹，实现集约、统筹、开发、绿色、共享的目标。须与政府各条线主管部门协调，得到相关方的支持。在区域整体开发项目实施前夕，做好"多规合一"的工作。

8）其他专项总体设计及导则

（1）人防专项总体设计及导则

人防专项总体设计及导则理应在控制性详细规划阶段，作为控制性详细规划附加专项图则的一部分。实际上控制性详细规划阶段的人防专项规划常处于漏缺状况，一般在各地块出让后，由各地块业主在各自小红线范围内，在人防办指导下设计、建设、验收。区域整体开发项目依托整体地下空间，可实现人防工程统一规划设计、统一建设管理。集中统一设置人防工程是区域整体开发项目的一大特色，因在控制性详细规划阶段对人防缺乏专项规划和控制，故在具体的集约化"四统一"建设中，须由相关方花费极大的精力进行专项规划设计协调。

集中人防空间可设置于公共区域的地下空间，如公共绿化、集中大地下室的最下层、市政道路地下空间等。人防的技术经济指标的分摊，是小地块开发主体须承担的义务、责任和费用，由各个小地块权属主体共同协商，并经人防主管部门确定。

由人防专项设计团队进行总体方案设计，与人防办及各业主单位协调后，在大红线范围内明确设计依据、人防工程规模、标准、设计范围、技术经济指标，以及相关的建筑、结构、机电设计。人防竣工后的产权、管理等后续工作，也需政府相关部门针对区域整体开发项目的特点制定相应的政策。

（2）绿建、节能、防汛、防雷、智慧、海绵、LEED、标识、灯光、商业等诸专项总体设计及导则

上述专项设计及导则相对前面几项不是那么急迫，可随着项目进程逐项

完善、协调、落实。各专项关系区域整体开发项目的整体品质、形象，以及整体开发各个子项之间的构架系统，其系统构架、核心机房、主管线路由及各开发商之间的四大界面关系应尽早确定。

（3）物业管理总体设计及导则

区域整体开发项目因其统一规划设计、统一建设管理，诸多设计、施工、运管界面与法定产权界面不一致。按照常规方式，以用地权属、物业产权为依据的传统运维管理模式已不适应。应以统一规划设计、政府主管部门、各参建业主审核确认的总体设计方案及导则作为规划、设计、建设、管理规则的依据。

设计导则应基于区域整体开发项目的特色，梳理划分一级物业（大物业）、二级物业（小物业）的界面，公共区域（地下车库、公共绿化景观、空间等）的物业设施、货运、垃圾房等由大物业管理，小红线内公共开发区域也划归大物业管理，建筑门禁内、地下非公共区域由二级物业管理。小红线内的物业产权归二级开发商，但公共区域的物业管理权归各业主协调确认的大物业管理。小红线内划入大物业管理的公共区域的机电系统应独立计量，以便管理。大物业未来管理相应的总控中心、展示中心、物业用房，根据需求，在总体范围内保洁、保安、物管统一设置，费用合理分摊。

竣工后的使用、运营管理是项目建设的终极目标，应在整体开发建设前介入研究，统一进行物业管理策划方案研究，以导则的形式给予约定。

（4）基坑围护界面总体设计及导则

区域整体开发项目的集约特点，其地下室一般表现为整合统一的超大基坑。整体地下空间基于统一的层数、层高、接口、结构体系。在进行总体方案各专项设计的同时，基坑围护方案也应同步展开，主要综合考虑以下因素：基坑整体的安全性、合理性、经济性技术；基坑外围墙与地下室外围墙的关系（二墙合一或二墙叠合）；根据各自权属红线，基坑内隔墙在施工过程中可逐步拆除，或根据功能要求保留内隔墙；充分考虑各地块业主的开发计划、施工时序；特别关注沿地铁线的基坑特殊保护要求及基坑施工时序。

上述各元素是综合考虑、统筹平衡的。基坑围护涉及诸二级开发商的红线、界面、经济利益，其施工实施一般由一级开发商统一招标，其法定程序需要各开发业主间及政府主管部门的创新支持和委托协议。

（5）地铁衔接相关总体设计及导则

确定地铁和相邻地块的红线界面、权属界面、设计界面、施工界面、运管界面。

　　一般地铁设施进入相邻地块的用地红线，其地铁出入口、进排风井、活塞井、设备设施均需要占用相邻地块用地。上述内容的权属属地铁公司，其界限应在总体设计及导则中量化明确，因其权属归地铁，其设计、施工、运管均由地铁负责。

　　地铁的出入口、风井、设施设备常与相邻建筑一体化设计，其设计、施工、运管及各阶段的费用分担均由双方业主协议确定，政府主管部门创新支持。设计总控在总体设计及导则编制中给予量化明确。一般根据地铁公司的功能及规范要求，由相邻地块开发商统一设计、施工，费用由地铁承担，产权、运管维护责任主体为地铁公司。地铁进入相邻地块的融合设计，实现互利各方。应在控制性详细规划阶段或在土地出让后，以总体设计及导则的形式给予规定。

　　根据地铁和相邻地块的工况，依据安全规范制定对相邻方的技术控制要求。控制要求包括：双方的相邻间距、在安全保持距离内的桩基技术要求，施工安全要求，双方融合段的位置、标高、尺寸、施工对接措施等。地铁站是区域整体开发项目的重要节点，是交通组织设计的重要依据。此节点一般全程给予高度关注。

　　总体设计方案及导则是区域整体开发项目的规则、依据，是设计总控的核心工作，对控制性详细规划和单项设计工作起承上启下的作用，代替了部分控制性详细规划阶段本应完成的"多规合一"的工作，并为下一步建设过程中的集约化高效报审报建提供了技术支撑。应在开发建设前编制完成，并得到政府主管部门及各开发商确认。

5.2.3　设计导则的技术难点

1）规划层面

区域整体开发项目，强调土地的集约利用，是具有突破性、前瞻性的策略。但是创新必然带来与现有阶段政策法规及技术条件之间的矛盾。实践中，在规划条例方面，控制性详细规划的建筑退界、间距规定与现行的规划管理与技术规定相矛盾。如建筑退道路红线距离、建筑后退道路交叉口处道路红线距离、建筑之间间距等，由于贴线率的严格控制，导致上述间距均不能达到相应法规的要求。而规划主管部门要求符合控制性详细规划的同时，不能违背现行的法律法规与条例。按照以往的设计流程，以单体为单位向规划主管部门进行征询和审批，则各个单体均需要修改方案，在控制性详细规划与地方规范的夹缝中寻求解决方案，虽然可以勉强满足两者的要求，但是必将对建筑形态、功能造成很大影响。这种拼拼凑凑的修改，其结果违背了城市设计的初衷（图 5-13）。

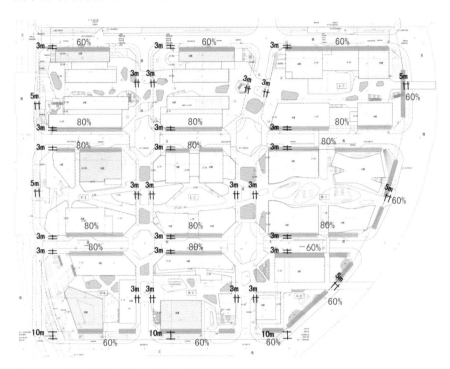

图 5-13　西岸传媒港贴现率控制示意图

　　针对这个问题，总控以控制性详细规划和总体设计为准进行导则编制，在导则中对建筑高度、退界、间距给予明确的量化规定。也就是明确承认控制性详细规划与地方规范的不同之处，以整体形态为考虑因素，论证此项目总体设计的特殊性和优势，权衡利弊。总控发挥其区域统筹、整体组织协调的优势，以城市设计和导则成果作为总体设计的直接依据，统一提交规划主管部门审批，通过审批的导则作为后续单体设计的标准（图 5-14）。

2）消防层面

　　控制性详细规划缺乏消防专项设计，在区域整体开发的规划理念下，与消防规范相冲突的部分未能在控制性详细规划文件中暴露出来。例如，消防规范要求对应高层建筑的底边至少有一个长边或周边长度的 1/4 且不小于一个长边长度设置登高车施救面，相应施救面设置消防登高场地；围绕各单体建筑须确保消防车畅通。在区域整体开发实践项目中，高密度、高容积率、

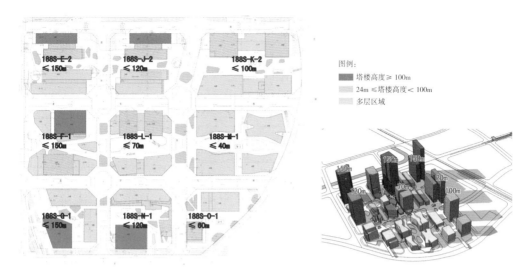

图 5-14 西岸传媒港建筑高度示意图

高贴线率的规划要求，使单体设计难以在自身红线内完成消防环路和消防登高场地的设置，与消防部门的相关规范有冲突。同时，在单体审批征询过程中，消防主管部门按照常规审批流程，不认可单体紧邻的市政道路兼用作消防登高场地，或跨红线设置消防登高场地及消防环路。

在"窄路密坊"，街坊较高密度、较高强度的总体规划格局下，在各自小街坊、小红线地块内独立地落实所有消防要求——消防应急环路、消防施救面、消防登高场地等设置均有较大困难。在控制性详细规划城市设计阶段或土地出让后的总体设计阶段，与消防主管部门先期协调，对街坊内外超越用地红线的边界，总体上综合统筹进行消防应急道路、消防施救面、消防登高场地的布置。这样既可满足刚性《建筑设计防火规范》，又在编制控制性详细规划阶段解决了下一步单项报批报建及建设过程中必然会碰到的矛盾和障碍。针对区域整体开发项目，在控制性详细规划阶段的城市设计或土地出让后的总体方案设计，进行总体消防设计并使之成为控制性详细规划的法定内容一部分。

在项目实践中，消防主管部门按照常规项目审批考虑，红线外不属于项目建设范围，难以保证消防设施最终落实。然而如果以整个区域为单位进行消防设计，则不存在上述不确定性。在世博 B 片区及西岸传媒港等项目总体方案及设计导则编制过程中，经过总体设计统一消防设计，并以整个片区为单位与消防部门多次沟通协调，最终完成总体消防设计方案，以此为蓝本在导则中规定消防设计原则：消防登高场地相邻地块可以跨红线共用；街坊内围绕建筑单体设计消防应急通道，仅在应急情况下开通；消防应急通道与市政道路连通；各地块内的消防系统独立设置，跨红线汽车坡道消防系统由相邻地块协商分区设置；跨红线汽车坡道上加设喷淋系统，坡道面积不计入地下防火分区。按照总体设计方案编制详尽的消防设计专项导则，给予单项设计定量定点的总控指导。

创新的规划理念还可能带来新的消防问题，针对无法套用现有消防规范的情况，需要总控牵头，与消防部门开展专题研究解决，解决方案编制入设计导则作为单项消防审批的依据。例如：西岸传媒港项目中，二层平台的消防疏散无法完全套用现行法律法规，因此作为一个专题进行研究，最终确定平台须满足覆盖率、开口率、开口距离、开口面积、平台疏散宽度等限制指标，最终研究成果被编入设计导则指导设计和审批（图 5-15、图 5-16）。

图例：

▢▢▢ 二层非覆盖范围

图 5-15　西岸传媒港平台消防设计示意图

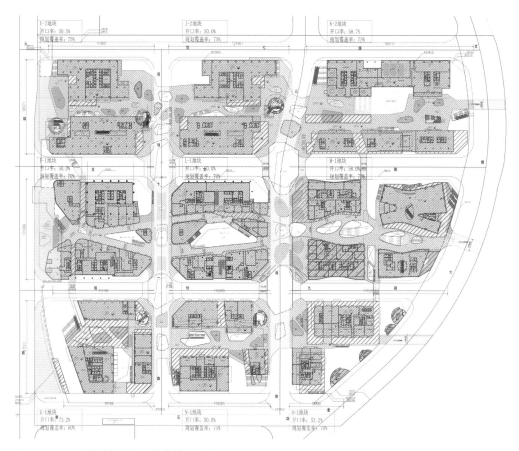

图 5-16　西岸传媒港平台覆盖率控制示意图

3）交通层面

城市的形态和土地利用模式直接影响了城市的交通需求量、交通分布特点和出行距离。区域整体开发项目，在交通组织上通过上下立体、主次分级、人车分流、智能化停车的组织方式，同时强调公共交通在城市交通中的作用，从而达到节能减排的绿色交通目标。而区域整体开发项目实践中，由于规模效应，整体交通组织往往和外部规划，以及现存的市政道路、隧道、地铁、高架等交通设施存在联系，是交通系统中协调的重点。

例如，世博 B 片区央企总部基地项目，四周分别由 1 条城市次干道和 3 条城市支路环绕，区域内存在 3 条轨道线（7 号线、8 号线、13 号线），4 个 500m 步行距离站点（耀华路站、长清路站、周家渡站、世博园站）。区域内现有 6 条公交线：中国馆班车 1 线、2 线、3 线，世博环线，83 路及

117 路，公交直通陆家嘴、人民广场、铁路南站、三林等。又如世博文化公园项目中，包含现有及规划建设的地铁线 3 条、机场快线、隧道 3 条，地面包含 2 个公交车首末站。

　　另一方面，"窄路密网"的整体布局经常造成地面交通系统交错，原本着意打造的步行街区无法实现。在基地内部，交通设计规范要求各独立地块至少有 2 个地块出入口，大于 100 辆机动车的车库需 2 个以上车库出入口。如依据控制性详细规划，则在严格贴线的前提下，单体场地内留给道路及地库坡道的空间非常有限。例如，世博 B 片区项目中，各央企独立进行交通组织，会在地块内占用大量地面空间，多个地块出入口也将造成街坊内的交通系统混乱不堪。通过交通流量计算，将地库出入口精简为 14 进、14 出，出入口坡道尽可能被纳入建筑投影线内，与街坊东、西两侧的城市主次干道紧密联系，保证车辆就近进入地库，不干扰地面人行交通。同时各单体建筑地下室设置自行车库，引导交通推进步行、自行车的低碳方式。经总控组织、规划、交通等部门，以及各央企代表反复协调研究，将央企总部基地的交通系统综合平衡、统筹兼顾，在地下大连通的前提下，充分考虑各央企独立性的需求，交通系统统一设计方案。交通系统统一设计方案中，地面交通以街坊为单位设计，确保每个街坊有 2 个出入口、2 个地库出入口坡道，其中一个坡道兼做货运通道，将道路及各种出入口尽量设置于红线处，便于统一建设。交通系统统一设计大大提高了总部基地的建筑与环境品质。经交管部门审批确认，将交通组织设计量化编入导则，作为交通审批依据（图 5-17）。

　　整体开发项目高强度、高密度的特点，使单地块停车配件需求量高。地下车库须整体考虑，并将规划路及公共绿化地下空间开发利用，解决小街坊、高密度地块停车数量不足的问题。例如，世博 B 片区项目中，规划路及公共绿化下停车位按照就近原则，按各地块需求分配，保障片区内地下停车数量充足，减少地面停车对环境造成的影响。西岸传媒港项目中也运用了类似的思路，整个地下空间统一规划设计，停车数量区域整体平衡，在使用阶段通过管理措施划分使用权属，反馈给地上各个单体业主。

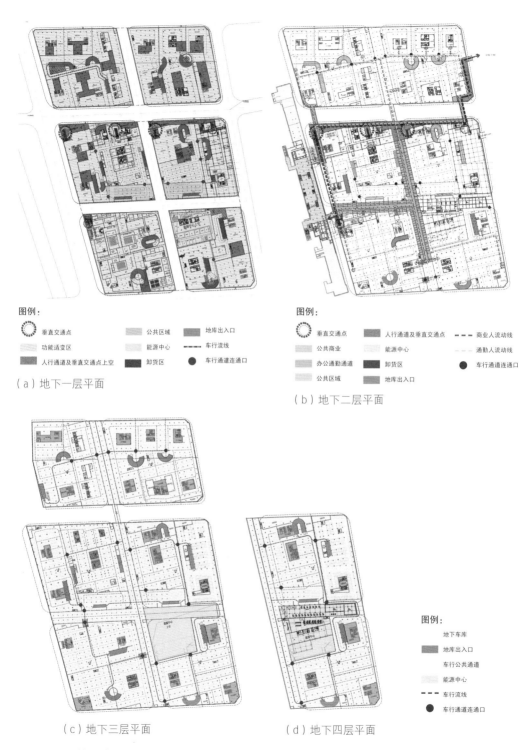

图例：
- 垂直交通点
- 功能适变区
- 人行通道及垂直交通点上空
- 公共区域
- 能源中心
- 卸货区
- 地库出入口
- 车行流线
- 车行通道连通口

（a）地下一层平面

图例：
- 垂直交通点
- 公共商业
- 办公通勤通道
- 公共区域
- 人行通道及垂直交通点
- 能源中心
- 卸货区
- 地库出入口
- 商业人流动线
- 通勤人流动线
- 车行通道连通口

（b）地下二层平面

图例：
- 地下车库
- 地库出入口
- 车行公共通道
- 能源中心
- 车行流线
- 车行通道连通口

（c）地下三层平面

（d）地下四层平面

图 5-17 世博 B 片区项目地库交通组织分析

4）绿化景观层面

与消防设计类似，绿化景观同样缺乏前瞻性的专项设计。基于区域整体开发项目高密度的理念，往往单个地块绿地率指标难以实现且孤立，以单个地块进行绿地率控制必将形成零散、分散的绿地，难以形成绿化景观系统，有违统一规划、统一设计、统一建设的初衷。"以人为本"的发展导向，使得街坊尺度优化，强调步行的街区尺度变小，道路向街道场所转化的同时，倡导不同业态、多层次的功能复合，打造地区街坊24h活力街区。混合用地中，高建筑覆盖率与绿化主管部门分类管控的绿地率指标存在较大的矛盾。一般城市规划技术管理条例中，商办用地绿地率在20%左右，住宅一般大于30%。而小街坊、高密度地区，建筑密度高，绿地率普遍只能达到10%左右，通常通过整体开发区域集中绿地的形式补充绿化空间。但是单地块绿地率不满足地方法规条例，给审批造成了障碍。

针对区域整体开发项目，在控制性详细规划城市设计阶段，或土地出让后总体方案阶段，对整体开发区域进行统一的绿化设计，将公共绿地纳入区域整体平衡计算。在区域总体指标达标的前提下，明确各地块实际最低指标。为减少后续各专项的矛盾冲突，控制性详细规划编制阶段或出让后的总体方案阶段，须加强各政府主导部门的协调。

另一方面，市容绿化对其权属的公共绿地有相关规定。小于 $2\,500\,\mathrm{m}^2$ 的公共绿地不宜进行地下空间的开发。而针对区域整体开发项目，区域范围内常设置街坊公共绿地，在区域地下整体开发利用的前提下，公共绿地地下按规定不予开发，将使公共绿地成为区域地下空间的"孤岛"，不利于地下空间的综合利用。因此，在控制性详细规划或土地出让后的总体设计方案阶段，明确公共绿化下的空间权属，设计、施工、建设、管理的责任方，使之成为法定依据。将公共绿地下的地下空间和基于权属的地下空间统一规划设计、统一建设管理，提高土地利用综合效率。

在世博B片区项目中，总体设计从区域绿化景观出发，经过与绿化主管部门的反复协调沟通，最终确定以街坊绿地率不小于10%作为审核基础，并要求每个街坊设置一处集中绿地。在总体设计基础上，经过平衡计算，在设计导则中明确各地块的绿地率指标。为弥补总体绿地率的不足，设计导则中增加屋顶绿化规定，要求单体建筑确保不小于30%的屋顶绿化作为绿化补充。在景观施工阶段，街坊景观设计导则统一了道路、衔接界面的做法，使街坊内部景观平滑连接，同时兼顾各地块的景观风格独特。

以B02A地块为例，其绿地率整体平衡示意如图5-18所示。

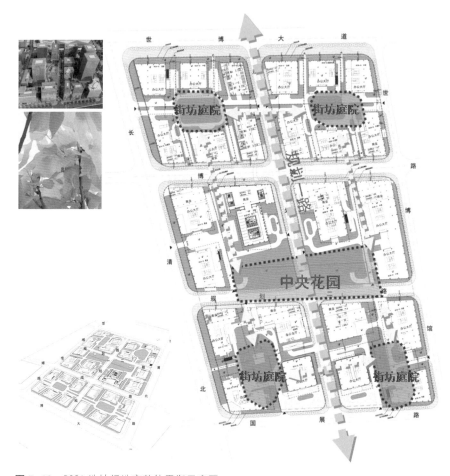

图 5-18　B02A 地块绿地率整体平衡示意图

利用自然能源节能降耗是世界各国建筑节能的发展方向。屋顶绿化是地面绿化的补充，不仅具有地面绿化一样的美化环境、净化空气、降低噪声、减少二次扬尘和环境污染、吸收降雨、缓解热岛效应的作用，而且还具有丰富城市立体景观、提高建筑物防水层使用寿命、降低空调能耗和减轻城市用电压力等作用（图 5-19）。

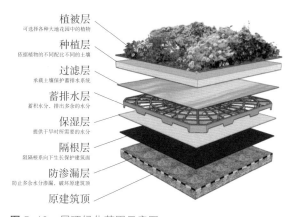

图 5-19　屋顶绿化范围示意图

5）公共区域层面

从较大尺度来看，区域整体开发跨道路红线、公共绿地、水系等进行整体开发建设，在单地块视角与现行法律法规存在冲突。从小尺度来看，建筑退界空间产生的公共开放空间，分地块设计与统一连续的公共空间系统存在冲突。

一方面，针对未来"窄路密坊""红线内外、上下集约"、建筑市政一体、集约、开放、共享、绿色、创新的区域整体开发模式，对诸多城市规划设计管理的技术文件进行梳理、整合，将存在矛盾的条文进行修正或因地制宜地进行弹性控制。强调控制性详细规划法定文件的因地制宜特点，如控制性详细规划文本及其图则，与其他法定文件条文有不协调、不统一的地方，以控制性详细规划作为下一步指导管控建设项目实施的依据。一体化、集约、开放、共享、绿色、创新的前提下，将原本封锁在各个小地块内，地上、地下的消极开放空间解放出来，形成系统连续的公共空间体系。

另一方面，公共区域地下空间是联系各个街坊的纽带，将规划道路及公共绿化地下空间进行开发和利用，可以将整个片区地下室连成一个整体，实现地下空间大连通。区域整体开发项目中，地下空间大连通是"四统一"的基础，也是实现静态交通区域平衡、地下车库出入口区域平衡、地下人行公共通道连通的基础。通过对公共区域地下空间的开发和利用，弥补了小街坊、高密度街区区域整体停车数量不足的缺陷（图5-20、图5-21）。

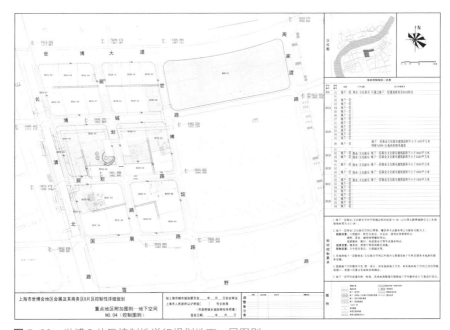

图5-20　世博B片区控制性详细规划地下一层图则

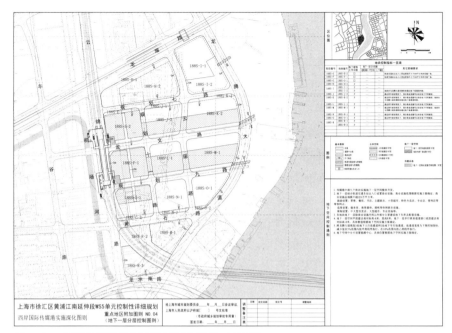

图 5-21 西岸传媒港控制性详细规划地下一层图则

6）地下空间层面

要实现地下空间大连通，各单项地下空间必然相互联系，也就涉及设计建设过程中，针对红线交界部位的连通口、消防疏散通道、共用隔墙等问题的协调。控制性详细规划对地下空间控制要求不够详尽深入，仅大致规定了商业娱乐空间的位置和人行公共通道的走向，为后续多业主单项设计带来协调上的困难。

根据总体设计编制地下空间专项设计导则，导则对地下各层间内外边界、层高、出入口、地下车库坡道位置、上下联动的公共空间、交通人流、车流动线、车库管理界面、主要配置机房等给予充分的明确。在后续深化设计中，又补充了交界界面的防水衔接、结构衔接、能源中心管线衔接等专项统一技术措施。各单项设计以导则和统一技术措施为依据，仅在细节衔接部分进行协调，提高了工作效率。

在世博 A 片区绿谷项目及西岸传媒港项目中，针对地下空间问题，尝试了地下、地上空间分别设计的切分模式，力求解决地下室边界复杂的衔接问题。这种模式在后续的西岸传媒港中得以实践，经过实践证明，上下切分模式解决了地下空间设计中各自为政、效率低下的问题，使地下空间更加完整高效。但是这样并没有摆脱繁杂的协调工作，仅仅是把竖向红线交界处的协调工作转移到横向地上、地下空间的交界面上。由于地上空间有大量功能需要落入地下，如核心筒、停车场、设备机房、地上建筑柱网等，反而造成界面不清，协调工作更加困难。

由此可见，在区域整体开发项目中，衔接问题是不可避免的，界面划分方式应根据项目自身的实际情况，权衡利弊，合理选择。但无论是何种方式的界面划分，都需要在前期做详尽的总体设计，并将地下空间相关问题加以梳理，编制成为地下空间设计导则。导则先行可以大大提高单体设计、衔接、协调的工作效率。

7）结构层面

区域整体开发项目中，大型地下空间结构设计具有以下特点：①上部结构共计多栋建筑结构，其整体地下室分属不同业主，项目红线均为相互共用，地下空间的结构设计应与上部结构相互协调。②各栋上部结构的设计、招标时间互有先后，导致地下空间的施工也互有先后，因此须考虑先期施工与后期施工的协调和相互影响。③为提高地下空间整体性，加强抗震、防水等性能，整个地下空间建议不设置永久结构缝，整体沉降和混凝土裂缝控制要求高。④当地下空间临近地铁，考虑地铁保护要求，基坑须进行分坑开挖。⑤基地内设有地下规划道路，道路下设有地下室，道路区域地下室与各单体地下室连成一体，形成高低错落。设计中须重点考虑整体地下室结构的水平传力问题。

区域整体开发项目地下室平面大、开挖深，周边往往紧邻地铁，环境复杂。根据建筑功能使用要求，各单体均坐落在超大底盘的地下室上，结构设计具有较大的复杂性和难度。结构设计除了应满足各单体的设计要求外，还应充分考虑单体之间的相互影响。当同一地块采用分期建设时，应采用考虑不同工况的包络设计，同时还须考虑超长结构所带来的不利因素。

区域整体开发项目中，由设计总控结构专业协调各单体设计，确保结构设计能做到安全、适用和经济。针对上述问题及目标，总控结构设计内容包括以下几点。

（1）控制项

①各地块设计依据、结构分类等级和抗震设计参数应统一。②各地块地下室结构层高应统一，个别地块有不同时应采取特殊措施。③各单体高层应满足首层嵌固要求。④各单体高层应满足沉降控制要求，沉降计算时应考虑

相邻区域的影响。⑤地铁保护区范围内，各单体基础设计应满足地铁部门的要求。

（2）建议项

①设计荷载和结构材料选用应统一考虑。②各地块桩型选择应相互协调，抗压桩持力层应统一。③内部红线两侧结构布置应相互协调，结构构件截面和钢筋应相互统一，便于连接。

（3）设计项

①综合内部红线两侧结构布置图纸，协调相邻结构关系。②综合考虑各地块地下室沉降和底板的计算与设计成果，确保整体安全可靠。③综合考虑各地块地下室结构的计算和设计成果，确保水平力传递和裂缝控制。

（4）审核协调项

①审核上述控制项内容是否在各地块结构设计中落实。②审核内部红线两侧布桩是否协调。③审核内部红线两侧结构布置和钢筋布置是否相互协调。④审核内部红线两侧柱网是否协调，是否满足总控建筑要求。⑤审核各单体后浇带布置是否相互协调。

结构总控工作流程如图 5-22 所示。

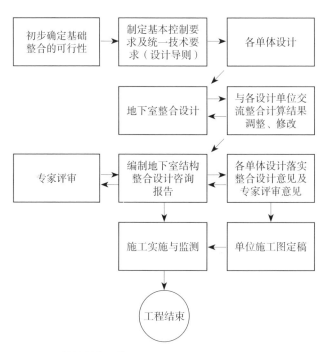

图 5-22 结构总控工作流程

8）机电层面

控制性详细规划对水、电、煤、电信等配套系统的设计偏重于外围条件的说明，但对多业主的区域整体开发项目基地内的后续落实未给予合理的明确要求。世博 B 片区项目中，虽然总控根据总体设计方案编制水、电、煤、电信专项设计导则，但是市政配套部门所采取专项、一事一议的审批模式，使区域整体开发的优势大打折扣。在西岸传媒港项目中，总控在单项设计启动前，编制水、电、煤、电信总体设计导则（图 5-23），请主管部门参与、确认主要的机房、开关站、调压站、总体进线等，使机电系统导则在设计中真正发挥作用。

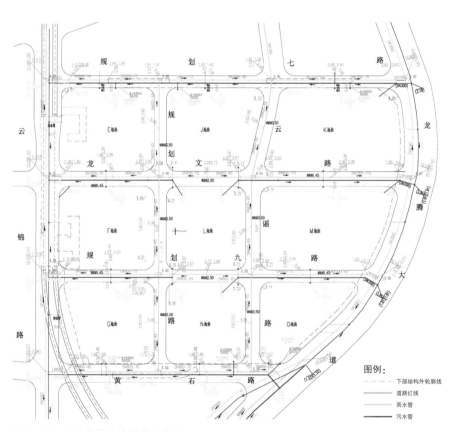

图 5-23 西岸传媒港给排水示意图

9）能源中心

区域整体开发项目中，"四统一"理念有利于能源中心的建设和推广（图5-24）。世博B片区和西岸传媒港项目都采用了分布式供能系统。该系统是指分布在用户端的能源综合利用系统，即以小机组的燃气轮机用天然气或用其他可再生能源发电，使发电过程形成的电、热、冷，就近直接供给用户的供能系统。

分布式供能系统符合循环经济"减量化、再利用"和"尽可能减少资源消耗与环境成本"的原则，因而受到当今社会的普遍重视。在区域整体开发项目中，应利用同步开发的特点，将能源中心的优势发挥出来。在操作中，应注重：推广与征询；需求整合；负荷确认；路由优化；各项界面细化，包含建设成本、运维成本的分摊细则；后期服务承诺；价格承诺细则等。

图 5-24 西岸传媒港能源中心示意图

10）人防设计

人防专项从设计、施工到验收，全程有相对独立的建设管控系统。其专项规划、设计并未被纳入控制性详细规划。待土地出让后，各地块开发商按人防相关规范、标准，单独设计人防工程，独立报批、报审、报验。这种管控模式不适应小地块、高密度的区域整体开发项目，不利于规划"创新、协调、绿色、开发、共享"，集约高效、以人为本理念的实施。

控制性详细规划中对人防设计缺乏针对项目特点的量化的明确规定。区域整体开发项目建议地下人防采取合建，通过导则对人防建设的标准、规模、位置等定量定点给予明确。实施建设由所在地块各自负责，建设费用由各地块单体业主按照面积进行分摊。人防合建的优势包括从整个片区角度可以节约建设成本，同时集中建设可减少人防对地下空间的影响，地下停车及设备空间更加完整高效；也存在一些缺点，如合建位置难以确定（各地块业主均不希望自身所在地下室建设合建人防系统），合建成本分摊问题协调工作繁杂等。世博 B 片区项目在实施的过程中历经合建、分建讨论，最终由各业主采取"一事一议"的对策，未体现"四统一"的设计总控精神。西岸传媒港项目中，由于地下室统一设计建设，为人防集中设置提供了便利条件，实现了人防的统一设计、统一施工，提高了空间的利用效率（图 5-25）。

图 5-25　西岸传媒港共建人防平面图

11）地铁接驳

区域整体开发项目，很大一部分是由地铁启动的站城一体化开发设计的，地铁相关的设计要点在各个项目中有普适性，不同项目根据地铁的现状或建设计划、地铁技术标准、换乘需求等的不同，也有其项目的特殊性。世博B片区项目设计建设时，地铁13号线世博园站已经建成并且在世博会期间运营，虽然世博会后13号线世博区域已经停运，但是原有轨道、站台、站厅等设施现状存在，在B片区项目建设中均需要考虑避让、保护和接驳等问题。在控制性详细规划中通过对地下室层数的限制可见已对保护地铁有所考虑，控制性详规规划也考虑了从地铁站厅层引入B片区地下二层，形成人行公共通道。为保护现有地铁线路、实现地下空间与地铁接驳，就需要明确地铁沿线安全需求及改造的可能性。而控制性详细规划与地铁、隧道主管部门缺乏协调，对地铁、隧道沿线的安全保护要求缺乏定量定点的明确规定。

世博B片区项目地铁沿线一事一议，以此细化地铁、隧道沿线的安全保护要求等设计。由三个相关地块业主及设计单位，针对自身问题直接与地铁、隧道主管部门沟通，流程清晰、设计要求明确，同时也存在难以形成统一设计原则的问题，且期间耗时长、效率低。如果通过总控，事先在地铁、隧道沿线安全保护设计过程中请相应主管部门提前确认，将设计条件汇总编入导则，则将提高单项设计效率（图5-26）。

西岸传媒港项目中，地铁已经运营并且不可能因为项目建设而停运，要将地铁人流引入区域地下商业及通勤通道，激活地下空间活力，就需要对地铁站厅层进行改造，而改造过程中不能对地铁运营产生影响。汲取了世博B片区地铁衔接设计事项的经验，传媒港项目中地铁退界及改造问题由总控牵头统一征询，形成设计条件（包含退界要求和站厅层改造原则），这些设计原则在设计初期便编入设计总控导则，指导单项设计。

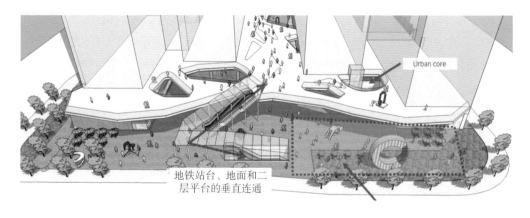

地铁站台、地面和二
层平台的垂直连通

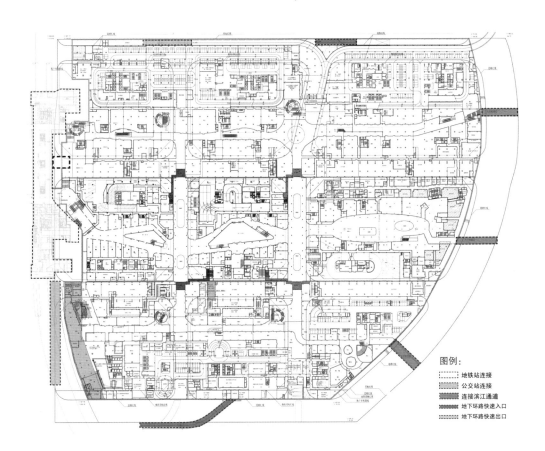

图例:
- - - - 地铁站连接
———— 公交站连接
▓▓▓▓ 连接滨江通道
▒▒▒▒ 地下环路快速入口
░░░░ 地下环路快速出口

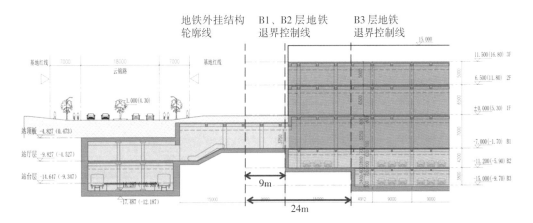

图 5-26 地铁位置及退让规则

12）智能化、绿建等专项设计

"四统一"的区域建设模式，为人防、绿建、智能化、BIM 等专项的区域统一设计建设创造了条件，有利于打造环境优雅、活跃、开放、现代化的街区。世博 B 片区项目控制性详细规划没有对智慧园区的目标进行量化与可深化的控制要求。总控在导则专篇中进行了智能化建筑专项设计，分别对 B 片区综合管理指挥平台、B 片区综合数据库、时钟系统、单体建筑智能化集成系统（IBMS）、火灾自动报警及联动控制系统、通信系统（语音、数据）、有线电视系统、公共广播系统、安全防范系统、访客管理系统、停车场管理系统、建筑物设备控制及管理系统、能量计量管理系统、办公自动化及公共信息发布系统、微区域移动通信系统、无线对讲系统、智能照明控制系统、会议系统等进行了定量规定。B 片区依托公共区域地下空间的建设，对智能化硬件系统进行搭建，进而向各地块单体推广。

由于缺乏前期控制性详细规划依据，智能化系统的建设推广工作遇到很多困难。而上海西岸传媒港项目中，绿建设计导则与 LEED–ND 设计导则被直接编制在总控导则中，涉及总体的雨水回收、污水处理、能源中心等提出定量定点的要求，在各单体设计前便对各单体提出明确的绿建标准，相对推广效果更佳。

13）单体形态

城市设计理念落实过程中，对建筑形态的控制尺度较难把握。在总控过程中，需要通过制定简单可行的规则，将城市设计中的建筑形态理念落实，做到统一中寻求丰富和变化。通常在设计导则中通过建筑高度、公共广场、视线通廊、玻墙比等限制条件约束建筑形态，并通过对材质、颜色的建议引导区域整体建筑风格。

世博 B 片区项目在设计总控导则中规定，建筑单个立面玻墙比不超过50%，并细化量化玻墙比要求：各主立面分别进行玻墙比计算，玻墙比按照玻璃部分在立面投影上所占的面积比例为计算依据。通过总控后续跟踪审核，保障 B 片区整体呈现厚重、严谨的央企总部基地形象。西岸传媒港项目在设计总控导则中，通过二层平台地块内形成的视线通廊，将建筑基本形态限制确定，形成活跃的建筑形态。

5.2.4 总体设计方案及导则的总结

区域整体开发项目的特殊性、复杂性、创新性，使总体设计方案及导则的编制成为必需。总体设计方案基于上位控制性详细规划的目标、要求，综合平衡政府与一、二级开发商的利益。以建筑方案的深度对控制性详细规划的目标、要求进行技术分析、论证，对控制性详细规划的管控目标量化、细化，对控制性详细规划中空缺的，但在下一步实施中必需的专项总体设计（包括交通、消防、机电、人防、水系、地铁界面、物业界面等）进行综合补充。详细梳理产权、设计、施工、运管四大界面。对未来单项报批报建程序中涉及的各专项进行详细的专项总体方案设计，综合平衡各方要求、对冲突点有预见性地进行协调，为下一步报审提供技术支撑。

总体设计导则是对总体设计方案的概括和提炼。总体设计方案与导则的关系如同城市设计方案和控制性详细规划图则关系。总体设计方案及导则有前瞻性、动态性、综合性及落地实施性。总体设计导则根据各主管部门专项管控，分类表达，按管控的程度分为刚性控点和弹性控点，以达到各专项设计管控的目标。总体设计方案须经政府各主管部门、各级开发商审核通过后，作为单项方案审批的依据，发挥其法定作用。总体设计方案及导则的编制从时间顺序上来说应在土地出让后、各地块开发主体及需求明确后，总体设计方案及导则较控制性详细规划具备更强的落地性、针对性。

总体设计导则在控制性详细规划和单项设计间起到承上启下的作用，对单项设计有全面、具体、有效的指导作用，是城市设计的技术延续和扩展，是区域整体开发各级开发商的利益在技术上平衡、综合协调的结合，是各专项规划设计的综合、统筹，对全建设过程的技术协调管控具有"规则"作用。经各政府主管部门及区域整体开发项目的参与开发商共同审核确认的总体设计方案及导则，是指导各地块方案、扩初设计的依据。

对于各业主在单项设计中碰到的问题，依据总体设计进行技术统筹协调，主要涉及规划层面、消防层面、交通层面、绿化景观层面、公共区域层面、地下空间层面、结构层面、机电层面、能源中心、人防设计、水系设计、地铁接驳、物业层面。日常技术协调工作繁杂、时间漫长，贯穿于各单项设计全程，涉及各业主间、业主和政府主管部门间的设计总控。作为政府主管部门或一级开发商委托的第三方技术咨询，依据总体设计导则，在各方面协调平衡，细化技术解决方案，形成协调纪要（及附件），为各单项的设计工作加速推进、保驾护航。

在区域整体开发和单地块开发商开展单项设计之初，设计总控对开发商及其设计团队，根据前期城市设计研究及设计导则最终确定的各项控制要素，进行详细宣讲。因各地块关注小红线范围内的利益和诉求，而对大红线内的总体缺乏关注，因此应加强前期沟通交流，有利于让各个参与建设的主体统一思想。总体方案是各单项设计的技术背景和总体技术支撑，它对单项设计起着制定规则和技术托底作用。

因各子项是总体设计的一部分，其消防、交通、绿化景观、人防等设计不具有独立自主性，须以总体方案作为技术背景和支撑，所以在各单项设计报批报建过程中全程保驾护航。在一、二级开发商和业主间、业主和政府主管部间，基于总体设计方案及导则进行协调说明，形成协调纪要及备忘录，有时代政府主管部门进行预审，对主管部门关注的问题提出预审意见，加快报批报建进程，提高政府部门管控效率，对各单项方案设计成果进行整合、梳理，检视与总体方案及导则的差异，同时进行纠正和修订。

5.3　总控中期协调重点

5.3.1　建设实施步骤、时序、标准偏差的协调

区域整体开发的建设项目类型多且同步设计，技术条线立体交织且相互牵制。相较于单独地块开发项目，区域整体开发的建设项目横向存在同步建设的多个子项，各子项从物理衔接到建设时间节点均相互制约；在纵向上，同一子项的设计、建设也必须符合区域整体开发的技术要求，各子项中的专项设计均为区域整体专项设计的一部分，在设计、报批报建、建设、运营管理中，均需要区域整体提供资源、信息和组织协调的支持。

依据控制性详细规划编制的土地出让条件缺乏必要的建设前期总体性和系统性专业研究作为支撑，在建设中会出现很多要协同实现的条件有矛盾、有空缺或不明确的情况。比如，世博 B 片区项目中，各单项地块红线内很多公共部位，其共用产权、设计、施工和运维界面没有事先明确；道路下公共地下空间的运营管理主体和管理方案建设前期也未明确，总体和系统细化条件不清楚，使得建设要求降低，实际功效尚需要通过运营管理来调整、补充、完善。

世博 B 片区针对上述问题，在总体设计和导则中对未明确的事项加以补

充，但是在时序上仍然显得滞后，在单项设计过程中又追加大量协调工作，需要针对每个地块遇到的问题逐一解决。面对类似问题，建议在控制性详细规划确定之后、土地招商出让之前，展开以下工作：

① 梳理区域内地块以外的市政公共配套项目，及早明确运营管理主体，使其全程参与建设工作，提供必要的支撑和协同。

② 组织开展建设前期总体设计和专项设计研究，细化控制性详细规划指标，并在总体设计平衡后获各主管部门认可，提炼关键要素来编制设计导则，将其纳入土地出让合同，并以此来指导协调各地块土地出让和单体建筑设计。

③ 提早启动市政道路管线和能源中心的前期工作研究，做到基础设施先行启动，且能源中心作为市政配套设施要有独立用地和管位，减少对其他建设项目的依赖性。

④ 对于在区域中处于单项地块红线范围内，但在产权上和使用上都具有公共属性的场地、空间和设施，从符合实际、有利实施、合法合规的角度，研究明确各相关方的责任、权利和义务，理顺关系，明确运营管理总体方案，为后续建设和运营管理打下基础。

5.3.2 设计总控进度的管理

设计进度的基本要求：设计总控管理应使用进度规划工具，采用合理的进度计划编制方法，结合项目实际情况制作进度计划，合理地规划、编制、管理、执行和控制项目进度，进行总体把控和管理，确保总控进度、目标。

设计总控进度管理流程：①规划进度管理（制定进度管理方法）。②滚动式规划（详细规划近期要完成的工作，粗略规划远期较高层级的工作）。③对活动进行合理的排序。④资源估算（时间、成本等）。⑤制定设计总控项目的进度计划（以图标、软件形式）。⑥控制进度，监督项目状态，更新项目进展，管理进度变更。

5.3.3 设计总控质量的管理

质量管理的基本要求，包括确定设计质量管理政策、目标与职责，制定相应的质量管理体系和统一技术措施，从而使设计质量得到最终保证。

质量管理的流程：规划质量管理（方法、流程、目标）→实施质量保证（及时纠正、预防、补救）→控制质量（审计、评估）。对各单项施工图设计成果进行审核（依据总体设计导则及统一技术措施），提出设计总控意见。对各单项施工图设计成果进行梳理、整合，对比总体设计方案及导则，检视其在实施过程中的偏差，及时进行总控协调、纠偏。对于日常出现的技术问题，进行总控技术协调，形成总控专项技术协调备忘录。

对于区域整体开发项目中时常遗漏的"盲区"，如公共环路的匝道（因常在大红线边沿，甚至在大红线外）、天桥、地道等，应将其作为一级开发商的设计单项进行兜底设计。

5.3.4 设计总控信息的管理

在建设实践中，问题的发现往往是由每个入驻企业单独事后提出，缺乏预先发现问题、预判趋势及提出总体应对策略的技术手段。而且，统筹协调解决方案涉及政府相关审批部门的高效协同、市政公用单位的前期协同配套服务等，需要区域成立领导小组办公室并建立协同平台，收集整理项目信息，及时给予反馈，确保各建设项目的方案和进度都与总体要求相匹配。

信息管理的基本要求：作为设计总控管理的核心和抓手，对项目过程中产生的大量文档、数据、信息进行统一的管理和控制，确保项目信息及时、恰当地被规划、收集、分析、处理、发布、存储、管理、控制和监督。

信息管理的流程：规划信息管理（流程、方法）→分析处理管理信息→控制信息（监督、控制）。

6 | 第三阶段：
建设工程实施及总控协助阶段

6.1 技术措施及专项导则的编制

随着各单项方案与扩初设计及核审工作的完成，一、二级开发商之间，以及开发商与各级政府主管部门之间的协调工作完成以后。随着各单项施工图设计的展开，设计总控团队各专业开始编制针对该区域整体开发项目涉及的总体统一协调层面的建筑、结构、机电等专项的统一技术标准措施及专项导则。

6.1.1 建筑专业统一标准及技术措施

建筑专业统一标准及技术措施主要对建筑专业在施工过程中可能遇到的需要统一与协调的技术做法及施工难点进行统一规定及控制建议，以达到不同单体分步但整体统一的做法，尤其对多地块统一的地下室部分的底板、侧板、顶板进行防水及做法的统一，实现多业主统一地下室的施工方式，从而达到最优化整体效果。

以上海世博园区 B02、B03 地块央企总部基地项目为例，说明建筑专业统一标准及技术措施内容（表 6–1）。

表 6–1　建筑专业统一标准及技术措施内容

序 号	项 目	内 容		图 示
1	建筑总说明	设计依据	图纸标识	3- 建筑设计说明 – 地下工程 – 地下室外墙做法一（"外防"）
		工程概况	建筑施工注意事项	
		设计标高及尺寸标注		
2	总平面设计	总体布局	定位	
		场地设计	室外工程	
		道路交通组织		
3	建筑设计说明	设计标准及技术指标	内墙装修	
		地下工程	平顶	
		砌体	门窗	
		楼地面	电梯	
		屋面结构及排水	卫生洁具	
		外墙面		

（续表）

序 号	项 目	内 容		图 示
4	消防	防火等级	幕墙	
		疏散	外保温材料防火要求	
		防火救援窗及高位消防水箱、避难层	管道井防火设置	
		建材、构部件、防火门的耐火极限和燃烧等级	防雷	
5	建筑节能	概况	外围护结构热工性能设计计算汇总表	
		保温	节能构造	
6	无障碍设计	设计依据	无障碍通道经过的明沟、盖板（雨水篦子）孔洞净宽	
		盲道设置	无障碍设施标志牌	
		室外坡道面材质		

6.1.2 结构专业统一标准及技术措施

结构专业统一标准及技术措施主要对工程结构在施工过程中可能遇到的需要统一与协调的技术做法及施工难点进行统一规定及控制建议，以达到施工工序与做法的统一设计。

以上海世博园区 B02、B03 地块央企总部基地项目为例，说明结构专业统一标准及技术措施内容（表 6-2）。

6.1.3 给排水专业统一标准及技术措施

给排水专业统一标准及技术措施主要对给排水工程在施工过程中可能遇到的需要统一与协调的技术做法及施工难点进行统一规定及控制建议，以实现统一管线与统一集中水处理的可能。

以上海世博园区 B02、B03 地块央企总部基地项目为例，说明给排水专业统一标准及技术措施内容（表 6-3）。

表 6-2　结构专业统一标准及技术措施内容

序　号	项　　目	内　　　容		图　　示
1	工程概况			
2	总控工作概要	总控目的	总控工作流程	
		设计总控内容	总控对各单体设计单位的提资和配合要求	
3	设计依据	建筑设计图纸及主要规范	建筑分类等级	9-地下室结构设计要求-地下室外墙设计-外墙内置墙示意
		自然条件	地铁运营部门提出的相关要求	
		工程勘察报告		
4	设计荷载	消防荷载	土压力	
		地下室顶板施工荷载	材料容量	
		室外地面荷载	地下室公共部位的使用活荷载标准值	
		地下水压力	基本风压和基本雪压	
5	工程地质条件	土层分布	周边环境条件	
		地下水	场地地震效应	
		不良地质现象	抗震设防	
6	抗震设防			
7	结构材料	混凝土	钢材	
		钢筋	非承重填充墙	
8	上部结构	基本要求	建筑结构绿色设计要求	
9	地下室结构设计要求	结构体系与布置	地铁保护区基础设计	
		地下室外墙设计	后浇带设计要求	
		基础底板设计	地下室结构设计常用节点	
		超长结构设计温度作用效应的计算		

（续表）

序号	项 目	内 容		图 示
10	桩基设计要求	桩型选择	工程桩与基础的连接	10- 桩基设计要求 - 钻孔灌注桩位于斜坡时的示意详图
		单桩设计	桩的测试要求	
11	施工要求	混凝土质量及裂缝控制要求	基坑监测要求	
		基坑开挖要求	沉降观测要求	
		基坑回填要求	基坑降水要求	
12	特殊问题	地下室内部红线两侧结构设计要求	规划路两侧地下连续墙处理方案	

表 6-3　给排水专业统一标准及技术措施内容

序号	项 目	内 容		图 示
1	设计依据			
2	设计内容			
3	给水设计	用水定额		给水、污水、雨水市政管道接口位置示意图
		市政管网水压	给水泵房设计	
		给水系统划分	热水供应	
		办公最不利供水点压力		
4	排水设计	所有建筑物排水采用污水、废水分流，设专用透气管	屋面和地面雨水就近排至市政道路上的雨水预留管	
		厨房污水、地下车库废水经处理后排出	将部分屋面雨水进行收集，处理达标后，供水景和绿化使用	
		本基地采用上海市的雨量公式		
5	消防设计	概述	自动喷淋系统	
		各建筑消防用水量	地下室变电房和重要机房采用气体灭火	
		室内消火栓系统	各楼层均设磷酸铵盐干粉手提式灭火器	

（续表）

序 号	项 目	内 容		图 示
6	燃气设计	各建筑燃气管由街坊周边的市政燃气管道接入	街坊内各建筑分别设煤表房，独立计量	
		市政提供天然气	燃气管道敷设符合国家、地方规范、规程的规定	
7	环保设计	工程污水排入市政污水管，不做污水生化处理	水泵降噪	
		厨房污水经隔油处理后排出。地下车库废水经沉砂隔油处理后排出	生活水池采用不锈钢水箱，独立设置	
8	节能设计	雨水收集	空调用水、地下室贮水池、厨房等进水管均设计量水表	
		选用节能、高效型产品	集中热水供应	
9	材料设备	给水管材料	雨水管材料	
		消防材料	室外埋地给水管材料	
		污水管材料		

6.1.4 电气专业统一标准及技术措施

电气专业统一标准及技术措施主要对电气工程在施工过程中可能遇到的需要统一与协调的技术做法及施工难点进行统一规定及控制建议，以实现统一管线与统一变配电系统的可能。

以上海世博园区 B02、B03 地块央企总部基地项目为例，说明电气专业统一标准及技术措施内容（表 6-4）。

6.1.5 暖通专业统一标准及技术措施

以上海世博园区 B02、B03 地块央企总部基地项目为例，说明暖通专业统一标准及技术措施内容（表 6-5）。

表 6-4 电气专业统一标准及技术措施内容

序号	项目	内容	
1	导则适用范围		
2	设计依据		
3	设计范围及内容	电业部门与设计院分界点	动力配电及控制系统
		特殊装修设计要求	空调配电及控制系统
		变配电系统	防雷与接地系统
		应急柴油发电机系统	电力监控系统
		照明及配电系统	漏电火灾报警系统
4	系统设计	负荷等级与供电电源	电力监控系统
		变配电系统	配电线路敷设方式
		自备应急柴油发电机组	设备安装
		变配电设备选型	
5	照明系统	照明标准	应急及诱导照明
		灯具及光源	照明节能控制
		需二次装修设计的场所，预留电源	
6	保安及接地	工程接地形式	由总等电位接地端子箱引出接地干线
		一般插座回路均设置漏电保护开关	潮湿场所设局部等电位连接
		工程采用联合接地方式	建筑物防雷
7	火灾自动报警及消防联动系统设计	火灾自动报警及消防联动系统	消防联动控制系统
		火灾探测报警系统	火灾应急广播系统
		火灾探测器类型的选择原则	消防专用电话
		漏电火灾报警系统	
8	电气节能设计	供配电	电能计量
		照明	电磁兼容
		自动控制	
9	电气环保及劳动保护设计	厨房照明设置洁净式灯具	变电所变压器设置护罩，以防触电事故的发生
		柴油发电机房墙面做吸声处理	电缆桥架外壳接地安全措施
		柴油发电机烟气经排烟管至裙房顶屋面排放	消防设备及重要机房内设置事故照明

（续表）

序　号	项　　目	内　　容	
9	电气环保及劳动保护设计	潮湿场所的插座回路设置	安装高度低于 2.4m 的灯具，其金属外壳应可靠接地
		冷冻机房设置配电值班室并做降噪处理	煤气表房、大型弱电机房等处设防静电接地

表 6-5　暖通专业统一标准及技术措施内容

序　号	项　　目	内　　容	
1	工程概况		
2	设计规范和依据		
3	设计参数	室外设计参数	通风设计参数
		室内设计参数	
4	冷热源系统设计	空调负荷估算	设备机房供冷系统
		冷热源系统	其他需要 24h 空调的区域
		用户机房供冷系统	
5	空调水系统	水系统	水处理
		系统定压	
6	空调系统	入口大堂	会议区
		办公区	商业
7	通风系统	设置地下机动车库通风系统兼排烟系统	锅炉房设独立的机械通风系统
		卫生间、开水间、浴室、更衣室等设置机械排风系统	柴油发电机房设独立的机械送、排风系统
		垃圾房设置独立排风系统，并采用除臭装置	日用油箱间、油泵房考虑采用机械通风
		变配电机房采用机械通风系统与空调箱供冷相结合的方式	全空气空调系统的公共区域过渡季节采用全新风通风换气
		水泵房、热交换机房等均设有机械通风系统	新风取风口、补风口和排风口合理设置，防止短路
		冷冻机房采用机械通风系统	重要电器机房、数据中心设机械事故通风系统，火灾后对相关区域进行机械通风

（续表）

序　号	项　目	内　　　容	
8	消防系统	消防监控中心	消防电梯井送风系统
		地下汽车库排风系统	封闭避难层（间）送风系统
		高层（或地下室）的办公室、大空间办公室排烟系统	通风空调系统的送、排风管道设置防火阀
		中厅、长度超过 20m 的内走道及面积大于 100m² 的无外窗房间排烟系统	管道、设备的保温材料、消声材料和黏结剂，均选用非燃材料和难燃材料
		房门至安全出口的距离小于 20m 的无自然排烟走道及面积大于 100m² 的各功能用房排烟系统	燃气锅炉房、燃气发电机房设机械事故通风系统，并采用防爆电机。锅炉房设置可燃气体、火灾报警和联动装置
		楼梯间、楼梯间前室、合用前室（消防电梯前室）送风系统	重要电气机房设置气体灭火系统时，火灾后对相关房间进行机械通风
9	绿色节能设计	选用低噪声、高效率的各类设备	各冷冻水系统、热水系统设置能量计量装置
		提高建筑围护结构的保温隔热性能	空调箱 VAV 变风量系统
		采用高效率离心式制冷机组	冷却塔免费供冷系统
		采用热效率较高的热水锅炉	热冷电三联供系统
		按建筑物的规模及功能特点，空调冷冻水、热水采用二次泵变频调速控制	空调水系统采用大温差供冷水
		空调通风系统采用自动控制	车库通风风机根据废气浓度进行变频调速控制
		冷水机组制冷剂	空调机房降噪
		锅炉烟气排放	穿越机房围护结构的管道和安装洞周围的缝隙都严密封堵
10	环境保护	厨房灶台排风	超低噪声冷却塔
		采用高效率、低噪声、低振动的空调、通风设备	室外的通风空调设备隔声处理
		有噪声设备采取消噪措施	排风口与新风口高度错开设置
		有空调、通风设备均选用低噪声产品	对外的排风口、新风口设防虫网
		管道及绝热材料选择	风管道绝热材料
11	材料	空调冷热水管、柴油供油管材料选择	空调水管道绝热材料
		空调凝结水管材料选择	烟道材料
		通风风管、保温风管材料选择	

6.1.6　地下室防水、防渗统一技术措施

因各地块综合在一个大地下室基坑内，统一的防水防渗技术措施很有必要。统一基坑围护墙和地下室外结构墙的关系一般为二墙合一、二墙叠合。统一技术措施须明确防水、防渗的标准、规范、依据，统一防水、防渗的技术措施。目前技术条件下，一般采取"外防、内疏"措施。"外防"是刚性技术措施，"内疏"可由各地块根据地下内部空间要求自行决定。在统一施工的理念下，还须规定防水、防渗用料、构造，也有建设性附图与要求，对沉降缝、后浇带等关键节点要求进行防水、防渗统一技术措施说明。

6.1.7　景观绿植统一技术措施

基于总体绿化方案及导则的目标、愿景、要点、亮点，对各地块小红线内的乔、灌、草进行统一定量、定点、定品种的规定。对各地块公共区域的铺装提出统一的用料构造技术措施，如对于地下室顶部、侧板上部的铺装，应对绿植的防水、疏水、保湿、防穿刺的用料、构造等技术措施进行统一说明和建议。

6.1.8　土壤、驳岸统一技术措施

区域整体开发项目内如设有大规模的水系、绿植，则对其土壤的酸碱、化学技术指标及水系驳岸（板底部）的防水防渗要求，编制统一的材料、构造技术措施。

6.1.9　标识、小品、灯光统一技术措施

一般在后期由一级开发商协调二级开发商统一编制，共同执行，确保区域整体开发项目整体、统一、协调、开放、共享。

统一技术措施中，关于统一用料、构造的技术措施主要涉及各地块相融、相合，综合一体的地下空间及场地公共区域。各单项小红线公共空间以内的部分及地上部分一般由各业主基于建筑形态、色质等导则自行决定、发挥，设计总控相对介入较少。统一用料、构造技术措施，是业主内部的协调结果，政府主管部门一般不介入，所以仅具有内部约束力，不具有法定约束力。统一用料、构造技术措施的落实，应在各单项施工图设计之前协调明确。

6.2　建设控制

设计总控在日常管理工作中，从设计的角度协助一级开发商，编制各项工程建设计划，梳理招投标标段界面，有时设计总控团队应一级开发商要求，与一级开发商团队联合工作，形成联合总控团队。

严格规定各街坊单项的开发建设计划，做到同一基坑内的各单项同步，实现统一设计、统一建设的目标。由总控牵头，制定统一建设计划，对各子项设计进度加以控制，确保项目合理稳步的推进。在总控后期工作中，注重收集各单项各重要设计阶段的图纸，拼合整理成总体设计，对照总体设计导则及时发现问题并协调解决。制定相关共建共享、代建事项、公共设施分摊原则，指导各地块竣工验收、竣工备案，协助产证办理、产证界面划分工作。

建筑、景观、结构、机电等各专业总控施工配合阶段工作内容主要聚焦于重点区域、重要环节、工作机制三个方面，以世博文化公园项目总控施工图配合阶段工作内容为例进行详细说明。

6.2.1　建筑专业总控施工配合阶段工作

施工过程中建筑专业的统筹协调作用：建筑专业作为施工配合阶段的统领专业，做好建筑与各专业（结构、机电、基坑等）之间的协调与配合工作，避免出现因为专业协调之间的问题影响时间节点及工期。

1）重要环节

（1）交底记录审核

对各区域的设计交底（建筑专业）的内容及反馈进行审核，确保设计质量的落地，各区域建筑专业负责人须按照建筑总控研究确定的相应处理方案贯彻实施。

（2）设计变更或变更设计的审校

① 审校变更的目的：保证设计变更符合国家现行的规范、规程、标准的要求，保证设计质量，减少因设计变更增加的成本，以控制工程造价。

② 审校变更的重点：对因各种原因造成的不可避免的设计变更，须进行多方案及经济比较，充分考虑现有条件，减少资源浪费，采用切实、可行的方案，做好成本控制，以较少的成本达到预期效果。

③ 变更流程的控制：严格执行有关变更的流程规定。

2）工作机制

（1）现场巡查机制

各子项建筑负责人定期进行现场巡视检查，按照需要或业主要求，频次按照实际需求。每次巡查须做好记录工作。巡查纪要须同时发业主、施工单位及总控。

建筑总控根据各区域负责人提交的巡查纪要，组织现场巡查复核，除复核各子项提报的问题外，还要进一步梳理和排摸现场有无其他问题。每次巡查须做好记录工作。巡查纪要须同时发业主、施工单位及区域负责人。

（2）问题跟踪机制

各子项负责人针对每次现场巡查，做好记录（留存照片）及现场复核工作。待现场完成整改后，完成巡查记录纸质版，签字后提交总控。

建筑总控根据各子项负责人提交的现场巡查及反馈资料，进行复核查验，形成区域负责人发现问题、追踪问题，建筑总控校验问题，最终形成现场巡查纪要（区域＋总控）提交业主存档。

（3）例会机制

① 建筑例会旨在解决各子项建筑专业及其他相关的须协调、解决、推进的问题，根据需求召开，约为2周1次。

② 会议议题收集：各子项负责人须在会议召开前一天12:00之前提交需要讨论与协调的议题至建筑总控，由建筑总控负责整理。

③ 根据整理议题清单，会上逐条梳理讨论，明确时间节点并及时追踪。

6.2.2　景观专业总控施工配合阶段工作

1）重要环节

（1）不断推进方案的深化与优化

以总控的专业知识和能力为业主对于设计落实过程中的决策提供支撑。

（2）继续对各区域阶段图纸进行审核

对设计落实过程中碰到的难题，从专业角度给予技术指导和支持。

（3）全面、总体设计效果落实的把控

依据设计导则，系统性控制、统一设计要素的材质、做法，呈现协调整体的景观风貌。

（4）对设计变更进行技术审核

对设计变更的必要性和合理性进行审核、把关，提出专业意见。

2）工作机制

（1）现场巡查机制

每次景观现场例会后，与各子项负责人一起进行施工现场巡查，审核材料小样、现场实样和实施效果，并做好巡场记录。

（2）问题跟踪机制

持续督促，推进设计方案未确认子项的设计工作，修改完善专家的意见，以及后续解决跟踪巡场等过程中发现的问题，保证设计效果落实，不影响施工的进度计划。

（3）例会机制

每1~2周召开1次景观专业例会，与各区域景观专业负责人保持密切沟通与联系，及时了解设计落实过程中的问题、解决方案，以及配合设计变更的流程的审核。

6.2.3　结构专业总控施工配合阶段工作

1）重要环节

根据项目规模、阶段、结构特点、结构难点等确定重要环节，主要包括：①按照设计导则要求，对统一标准、统一做法、交界面处理等施工阶段落实情况。②周边交通设施关系、保护方案巡查。③技术核定单审核。④根据总控结构会议确定可能存在技术质量、安全问题的技术巡查。

2）工作机制

（1）现场巡查机制

建设项目各单体由图纸设计阶段逐步进入施工实施阶段，结构总控工作重点由图纸审核逐步进入施工过程技术服务和质量控制，建立健全施工现场结构总控巡查工作机制。各子项结构负责人每周以书面形式报告各分项单体现场施工阶段的进展，协助结构总控了解现场进度，以确定巡查内容和重点。

（2）问题跟踪机制

各子项专业负责人针对每次现场巡查，做好记录（留存照片）及现场复核工作。待现场完成整改后，完成巡查记录纸质版，签字后提交总控。

结构总控根据各区域负责人提交的现场巡查及反馈资料，进行复核查验，形成子项负责人发现问题、追踪问题、结构总控校验问题，最终形成现场巡查纪要（区域＋总控）提交业主存档。

（3）例会机制

各子项结构负责人将每周工程例会内容同时抄报结构总控，及时掌握工程动态及技术问题。

① 由结构总控召集各单体结构专业负责人，梳理相应阶段施工过程中遇到的问题，解决各子项结构专业须协调、解决、推进的问题，根据需求召开，约为 3 周 1 次。

② 会议议题收集：各子项负责人须在会议召开前一天 12：00 之前提交需要讨论与协调的议题至结构总控，由结构总控负责整理。

③ 根据整理议题清单，会上逐条梳理讨论，明确时间节点并及时追踪。

6.2.4　机电专业总控施工配合阶段工作

1）重要环节

重要环节主要包括：①结合导则，确保各子项技术协调性、统一性。②结合 BIM 设计，解决管综问题，确保总体排水管网标高控制。③保留建筑与区域内的机电管线的衔接。④场地排水和自然通风。⑤用户站与供电部门的技术协调。⑥室外总体 10kV 电力管线路。

2）工作机制

（1）现场巡查机制

定期巡视施工现场（建议每月 1 次，可根据不同阶段的需求调整）。可以考虑安排在隔次的例会之后，与各子项专业负责人一起进行施工现场巡查，发现问题、解决问题，并做好巡场记录。

（2）问题跟踪机制

针对涉及 2 个及以上设计单位的问题，或市政管线接口与施工之间的问题，召开专题会（不定期，按需而定），协调各方予以解决。

（3）例会机制

针对施工单位提出的问题，组织相关设计单位予以回复解决。可以通过例会形式（建议每 2 周 1 次，可根据不同阶段的需求调整），与各子项专业负责人保持密切沟通与联系，及时了解设计落实过程中的问题、解决方案，以及配合设计变更的流程的审核。

7 | 第四阶段：
     后评估阶段

7.1 基于整体开发的后评估的意义

传统模式下的一般工程建设项目，在前期研究阶段，以开发主体牵头编制设计任务书，对工程项目的总体定位、目标、功能业态需求、环境需求、开发建设时限等做出初步规划与评估。尤其是一些小规模自用项目，在前期研究阶段，任务书简单明确，设计及交付标准都相对成熟。针对此类较为成熟的开发模式，设计团队容易迅速介入工作，期间沟通协调的条线也较为清晰。在实施阶段，一般由施工方按照设计图纸实施，由业主监督，如遇设计条件变化、设计深度不足或设计图纸表达不清晰，则业主牵头组织设计变更，针对具体问题一事一议。在项目竣工投入使用后，也是业主自身牵头或委托物业及运营管理公司，对项目进行常规的运维管理。在使用阶段，会对开发建设前期的定位、目标、功能业态设想进行实践验证，如需要后评估，那么其意义在于对整个开发建设过程进行反思、对运维管理使用阶段做优化微调，以及对今后类似项目起到启示作用。

大型综合项目工程建设，由于规模的提升、业态的复合、开发建设周期的加长，从建设开发角度需要更大的投入，从设计角度也需要更加精细的专业化配合。如此一来，会导致原本意义上的业主可能被拆分成开发公司、运营公司，或更加复杂的分工合作模式；原本意义上的设计师，也被细分为各个专业专项设计和咨询团队。此类大型综合项目工程建设中，前期研究阶段，由开发公司牵头、设计团队和顾问咨询团队配合，对项目的开发建设目标进行研究，确定设计任务书；实施阶段，由开发公司牵头，主要设计团队、专项深化团队、施工方配合执行；使用阶段一般会移交运营管理公司或更小的业主，在后续漫长的使用期间，主要对象人群包括业主、物业管理公司和配套服务的受众人群（表7-1）。可以看出，较早期小地块开发、自用为主的模式，大型综合项目涉及条线多、设计实施周期长，而且会面临开发设计团队和运维使用人群的脱节。此类项目中，后评估的意义远大于传统开发模式中的后评估。后评估的重要意义在于回溯实施阶段和使用阶段的匹配程度。

从小地块开发到大型综合工程的开发建设，仅是个"量"的提升，虽然由于规模的扩大，项目的难度有所增加，周期有所加长，并且资本投入增加，内部条线更复杂，前期也会花更多的精力在策划、研究和设计上，但仍然是基于独立项目内部利益的开发建设工作。区域整体开发项目，相较于前两种模式，区域整体开发建设任务在时间和空间上都有重大提升。从目标和愿景来看，由关注开发主体和"小业主"自身利益，向关注更大视野下的公共利益、自然资源、城市发展脉络转化；从时间来看，区域整体开发项目向前期延伸至政府牵头的城市设计及详细规划阶段，向后延伸至运维团队接手的运营管理设计和执行，是更长的开发建设时间线上的接力任务；从空间来看，区域整体开发项目面对多子项、多业主、多设计团队、多施工团队、多运维团队共同工作的协作模式，是在设计总控协调下以整体利益为先，兼顾个体利益诉求的共赢模式。面对区域整体开发的复杂性和特殊性，打通各个环节，建立时间和空间上的沟通渠道显得更有意义。因此，区域整体开发后评估由实施主体及设计总控牵头，在整体视角对整个过程中的各个环节进行复盘，回顾初衷，反思目标、手段和结果之间的对位和偏差，显得更具价值。

表 7-1　各种模式不同阶段的利益关系人群

工程阶段	一般工程建设	大型综合工程建设	区域整体开发
前期研究	业主、设计	开发公司、设计、顾问咨询	政府、行政主管部门、一级开发公司、潜在开发主体、设计总控
方案研究	业主、设计	开发公司、设计、专项	一级开发公司、专项团队、设计总控二级开发公司、各地块设计团队
建设实施	业主、设计、施工	开发公司、设计、施工、专项	设计总控、专项团队二级开发公司、各地块设计团队
运维使用	业主、物业、使用人群	业主、物业管理、使用人群、辐射圈的服务人群	公共配套及市政、业主、物业管理、使用人群、环境共享人群

7.2　整体开发项目后评估的要点

7.2.1　城市设计愿景、理念的落地程度评估

整体开发的一个明显优势和责任，就是便于落实城市设计视角下，更加系统性、涉及多地块的城市设计理念和愿景。例如，需要跨红线实施的地上地下连通空间、整体开放空间，需要多单体共同遵守的区域风貌原则等。这些要素的落地与否，是整体开发后评估的首要关注点。在对城市设计理念与愿景的评估中，主要从以下三个方面入手。

1）原始理念提出的深度和合理性评估

在对城市设计成果进行要素拆分，并向单体设计深度转化的过程中，政

府、投资主体、开发主体、设计团队等参与者之间的博弈，已经在对城市设计深度和合理性进行矫正。后评估阶段可以回溯这些矫正的结果，从设计角度反思城市设计成果是否可以进一步完善。

在对这个过程中，实施性城市设计成果深度是否合适，讲的是城市设计本身对整体开发全局的研究，是否详尽并具有前瞻性。若城市设计研究深度不够，则难以在单体设计之前预见未来各子项、各条线、各要素之间将产生的矛盾，给城市设计成果和图则或导则的权威性带来挑战，严重影响总控工作的效率。其中，即使部分要素缺失漏项，也会在下一步设计中以单体视角补齐，但其结果往往不尽如人意。相反，如果一味追求前期研究的深度，不必要地拖延时间，则在某些时效性项目中，城市设计稍有滞后，便大幅度增加后续单体建筑设计和建设的成本，或增加管控难度。从后评估角度，可以很直接看出前期城市设计深度是否合理。

城市设计的合理性，侧重于对整体开发地区本身的解读是否精准、是否具有落地性。这种合理性的评估，需要结合上位城市规划成果、地区的整体定位和产业策划进行。城市设计往往先于土地出让，在城市设计初期，单地块开发主体尚未介入，对定位的评估存在于研究阶段，而一旦土地出让条件确定，城市设计的刚性要素就已稳定固化，城市设计大原则、大指标是否合理在此阶段已经初步体现。不合理的刚性控制要素，将一部分优质业态拒之门外，形成合理开发的阻力——这也是越来越多的控制性详细规划出现拿地后调规的窘境的原因所在。针对弹性要素，虽然在土地出让之后仍然有修改的余地，但是必须在开发主体拿地并且展开单体设计之前沟通确定，因此这个窗口期变得非常短，即使沟通渠道顺畅，但由于控制性详细规划这个合法化路径已经告一段落，所以总控工作在弹性要素方面也仍然会失去对单体的管控力度。

综上所述，后评估的第一步，就是对城市设计深度及合理性进行复盘。

2）城市设计要素在项目中的重要性分级

我国在近30年对城市规划编制体系及其管控手段的研究，使各个城市其城市设计的落地手段，在规划层面逐渐落定下来。在各个城市形成的工作机制中，基本都是以刚性要素和弹性要素，来简单区分城市设计各要素的重要性等级：刚性要素，是关乎公共利益和公共安全的重要控制要素，是不可挑战的，即使确实需要调整，也需要从调整规划层面从长计议；弹性要素，是锦上添花的、可以商量的，以人治为主，参照政府领导、规划审批部门或者各界专家的意见执行。这种一分为二的操作方式，在城市发展初期简单、高效、便于追溯。但是在高速城市化的进程中，真正体现环境品质的往往取决于开放空间系统、景观系统、沿街界面这类"弹性要素"的完成情况。

从整体开发项目的初衷来看，即将集约化、系统性、开放性的城市设计要素落地实施，可以推演，"弹性要素"的管控成为体现整体开发优势的重要部分，致使城市设计要素的重要性分级不能简单按照刚性—弹性的先后次序排列，而需要进一步将弹性要素细分。针对这种重要性细分，应根据项目实际需要操作，也就是说，并不是哪些城市设计要素一定比其他要素高级、一定需要管控，而是要因地制宜，综合评估发展前景、市场需求、开发模式特点，针对具体项目进行分析。

在世博 B 片区央企总部基地项目中，设计导则除将具体的建设范围、退届、容积率、建筑高度、贴线率等规划条件作为严控项，还制定了非法定意义的控制项和建议项。例如，为集约高效地利用地下空间，规避因地块容积率差异和对现状地铁附属物的保护造成地下空间深度不一而产生的问题，地下停车空间原则上应全部连通。地下大连通的理念，原则上须严格落实。在实际操作中，考虑消防规范对防火卷帘的连续长度的限制要求，并且各个地下空间单元设计时，倾向于利用红线边缘不规则空间作为设备机房，因此地下车库并不能做到一马平川的连通。在几版设计导则不断推进和协调的过程中，央企业主也提出对自身单位保密需求、未来物业独立的可能性等的担心，因此由地下统一轴网整体连通到红线边跨轴网衔接通畅，最后到确定统一设计地下车库公共通道，确保公共通道衔接口与周边地块连通即可的原则。整个过程，城市设计理念、政府及规划部门要求、央企业主诉求、设计单位技术衔接等问题综合博弈，形成了在当时视野下的最优解。而在实际操作中，这个"最优解"进一步打了折扣，在单体设计中，基于红线视角的设计，尽可能将车库效率最大化，也就难以保证公共通道的通畅，由约定的统一公共通道到确保每个地块地下车库均有至少 2 个连通口与周边车库连通。

世博 B 片区项目的一系列控制项实践中，我们发现：针对非法定意义的控制项，制定合理的目标、原则和底限，将是推动城市设计弹性要素管控的核心工作。其中如何算是合理，受各个环节诉求和各方能力博弈的影响。总控初期在指定规则阶段，针对具体要素定义的重要性不够、管控力度不足，落实的程度就会打折；相反，重要性程度虚高，就会给设计和管控造成困难，也挑战着总控工作的权威性。因此这一阶段的科学性、可实施性显得尤为重要，需要大量的经验技术积累，在后评估阶段，对初期管控要素的筛选、原则的转化、推进的力度进行综合评估，有很重要的实践意义。

3）各要素的落地程度评价

按照时间阶段排序，上述确定城市设计要素的工作，在城市设计研究阶段基本可以完成；确定城市设计要素须落实的内容和重要性分级，在控制性详细规划和城市设计导则阶段也已基本稳定。而实际落实的程度，和后续的管控、投入的资金成本、设计团队的理解、实施工艺选型等都有直接关系。各要素落地程度直接关系到建成投入使用后，给人的直观感受。

城市设计要素的落地程度，可以从系统完成度、实施效果两个维度评价。针对系统的完成度，主要指完成和未完成，也就是所评估的城市设计要素，是否按照城市设计的意图进行设计和实施；实施效果，主要指完成得好和不好，也就是在落实的基础上，是否完善、品质是否达到预期、使用效果是否达到预期。

落地程度从另一方面反映了前期城市设计管控要素的重要性分级是否合理。以跨地块的地下公共步行通道为例：保障连通性是刚性管控条件，其中包含连通道所处层数、净宽、净高、开放时限要求，刚性要素一般比较容易管控，也容易落实，评估阶段仅做是非的判断即可；连通道的内装风格、材质、照明亮度、色温、新风换气标准、空调系统、沿线展陈、广告、店招形式等，则为弹性管控条件，会因各个开发单项不同的投资、业态定位等因素有所区别，不同地块之间若在弹性要素方面有所差异，那么允许差异的程度及过渡段的设计，也将成为整体开发设计总控须考虑和协调的内容，最终呈现的工程衔接搭接方式、过渡效果，也成为评估的一项内容。

7.2.2 总控过程工作机制的评估

1）城市设计方案的转化——控制性详细规划、图则、设计导则

城市设计方案研究存在于整体开发项目前期研究的各个阶段，而城市设计研究成果到单体建筑设计完成之间，还需要城市设计要素的转化过程，这个转化过程和形式既是总控的具体工作，也是后评估的重要视角。

（1）转化的对应性评估

虽然各个阶段城市设计成果均呈现出可视化的具体形象，但不同阶段的城市设计面对的任务不同，其注重的成果深度和价值重点也就不同。例如，面对控制性详细规划图则的城市设计成果，其主要面对主体功能定位、功能区界面划分、较大尺度的交通组织、建设用地划分、各项指标的锁定。这一阶段城市设计转化的主要成果，即控制性详细规划图则、文本和说明。如果

利用控制性详细规划阶段的城市设计成果，直接将其编制进"深化图则"或者"设计导则"，则将会造成"深化图则"不够"深化"，或者规定了多余的并没有考虑成熟的管控内容，给后续工作造成困扰。这就要求每个阶段的目标明确，城市设计方案须针对阶段性工作重点内容来进行设计，相应的转化成果也应与城市设计方案一一对应。

（2）转化的阶段性评估

不同项目根据其难度的差异，需要分阶段对管控内容进行校核与评估。例如，在开发模式一中，四大界面相对独立清晰，在项目初期将城市设计成果通过控制性详细规划图则的形式约定清楚，即能满足后续设计建设的基本要求。又如虹桥核心区，通过"附加图则＋城市设计导则（主要对风貌及步行系统做出规定）"，在单体项目启动之前就已完成城市设计方案的转化。在较为复杂的开发模式中，如西岸传媒港项目，在控制性详细规划编制结束后通过城市设计手段对控制性详细规划成果进行校核，编制新一轮的设计导则，城市设计主要要素均在设计导则中得到体现。实际项目根据自身开发模式、建设时序、城市设计深度要求，会在不同的阶段形成控制要素的转化，这个时机的选择也将成为后评估的一个要点。

（3）转化成果的权威性评估

根据不同阶段城市设计管控内容的差异，通过行政手段或管理手段对管控成果进行"认证"。在土地出让前，可以通过法定强制手段，对城市设计管控内容进行授权，这是最具有权威性的转化方式。但是实际项目中，在土地出让之前，缺乏对用地产业策划的精准性，使得许多整体开发项目需要配合单体设计进行再一轮的管控内容梳理，尤其是针对弹性管控要素。其权威性的授权方式，与设计总控的委托主体、组织架构、工作方式均有关系，同时也会带来不同的管控效果。

2）城市设计要素的控制方式

城市设计管控要点的审查，应分阶段并自上而下地提供总控意见。针对管控中的矛盾点，通过总控协调机制，自下而上地反映和解决具体问题。其中，阶段的划分、管控时机、反馈机制，是各个阶段后评估的要点。

针对整体设计的盲区或待优化区的设计，是总控工作的一部分。这部分工作介入的时机、工作范围的选择、与权属主体及其设计的对接，也是影响最终区域整体效果的重要因素。因此，补充设计作为总控控制方式的一部分，被纳入后评估的要点之中。

3）总控管理权限

设计总控作为技术支撑和咨询单位，其管控的权限主要来源于委托方的授权。总控工作的推进、管控要素的落实程度，也因此来源于委托方权限范围的划定。不同项目根据其难度及自身特点，需要推进的角度不同，那么对于总控的整体组织架构也有最优的配置方案。实际项目中，组织架构的情况多样，行政管控、市场管控、技术管控之间的协作关系随组织架构而有所区别，由此带来的工作方式和实施建设成果也有不同。作为后续评估总结，须被纳入后评估的要点之中。

7.2.3　后评估的形式及成果

1）评估报告

后评估报告作为最基础的评估形式，以文本说明为主，应主要包含以下内容。

说明部分：包括项目概况、基本数据、开发模式、组织架构、主要控制要点及落实情况、质量管控及落实情况、进度管控及落实情况、重大事件梳理、运营策划及管理维护、用户使用评价等。

附件部分：包括区位图、总平面图、技术经济指标、组织架构图、界面分析图、管控要素及落实程度列表、质量对比表、进度对比表，以及其他反映客观情况的文件。

2）统计数据（表格）

数据统计客观地反映了整个开发建设过程中的大数据，作为珍贵的数据资料，为其他项目提供参考。统计数据可以包含以下内容：经济技术指标、项目进度推进表、重要节点里程碑、修正性文件统计、备案成果统计。

3）评价访谈

对各个阶段各种利益相关主体的评价，为整体开发项目提供多视角的评估参考。评价的形式包括点对点的访谈及一对多的问卷调查。点对点访谈主要针对：政府及规划主管部门、产权主体或开发主体、设计总控、单体设计、建设实施主体、物业管理及运营策划；一对多的问卷主要针对：小业主、周边居民、物业主要使用者。

下篇
实践与展望

8 | 案例实践

8.1　虹桥商务核心区一期项目

8.1.1　核心区一期项目概况

　　上海虹桥商务区是 2009 年上海市委、市政府专门成立的一个功能区域。从诞生之日起，虹桥商务区依托虹桥综合交通枢纽，肩负"服务长三角一体化、服务全中国"的国家战略。"十年磨一剑"，今天的虹桥商务核心区一期已经基本建设完成，达到预期效果（图 8-1）。

图 8-1　虹桥商务核心区一期效果图

　　虹桥商务区位于上海市的西部，在沪闵和沪杭发展轴线交汇处，东起外环高速公路（S20），西至沈阳—海口高速公路（G15），北起北京—上海高速公路（G2），南至上海—重庆高速公路（G50），总规划面积 86km²。其主体功能区面积 26km²，包括虹桥机场 – 高铁综合交通枢纽等；主体功能区以外是拓展区，面积大约 60km²。*

---

* 2019 年 11 月 14 日上海市出台《关于加快虹桥商务区建设打造国际开放枢纽的实施方案》，将长宁区新泾镇和程家桥街道（虹桥临空经济示范区）、闵行区华漕镇、嘉定区江桥镇、青浦区徐泾镇原未被纳入虹桥商务区的部分共 64.8km² 全部作为虹桥商务区的拓展区。虹桥商务区扩容到 151.4km²，形成更大合力，承载虹桥商务区发展的新定位、新目标、新要求，打造国际开放枢纽，建设国际化中央商务区、国际贸易中心新平台。

　　商务核心区处于主体功能区中部，是商务功能高度集聚的区域。东侧紧邻虹桥机场—高铁综合交通枢纽本体，西至嘉闵高架，南至建虹路（原义虹路），北至扬虹路，总面积约 4.7km²。核心区中央在占地约 1.43km² 的"核心区一期"，作为核心区的"核心"先期启动。

　　核心区一期，虹桥机场航空管制限高 43m，地上总开发量约 170 万 m²，全部为公共设施，其中商务办公约 95.6 万 m²，商业设施约 50 万 m²。地下开发 3 层，总开发量约 150 万 m²，主要功能为地下公共服务、地下步行、地下停车及地下商业等，其中以商业、文化娱乐为核心的地下公共活动空间主要集中在中轴两侧。虹桥商务核心区一期区位图及总平面图如图 8-2 所示。

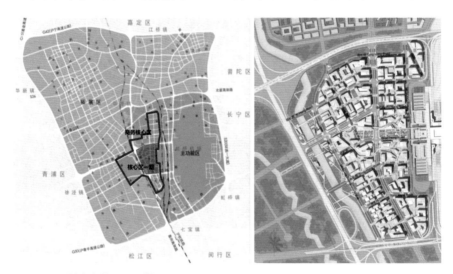

图 8-2　虹桥商务核心区一期区位图及总平面图

　　虹桥商务核心区一期是上海最先实践整体开发的区域。从设计总控角度来看，以下四个方面的尝试和突破对核心区一期的成功建设至关重要。①先行健全机制、确立主体。②土地出让环节，编制整合各专项的精细化城市设计并纳入土地出让合同。③土地出让后工程建设环节，"管委会＋技术咨询"联合监管跟进问题受理、答复和咨询处理。④土地出让前后全过程，精细化城市设计及专项设计团队受管委会委托，一直都在工作。土地出让前作为规划设计单位、土地出让后作为"联合监管"的各阶段技术审核和咨询的执行单位，真正发挥了从最初城市设计方案到各子项建设的全过程动态跟进与总控作用。核心区一期的控制性详细规划及城市设计导则，乃至实施管控模式，为上海城市建设精细化管控开了先河。

8.1.2 核心区一期设计总控工作条线及主要内容

1）先行阶段：健全体制机制，明晰区域开发主体责任

2009 年上海市启动虹桥商务核心区一期的规划编制。虽然此时，城市设计附加图则法定成果规范尚未成形，但汲取浦东新区、世博会等城市开发建设的宝贵经验教训，上海市政府及国土规划部门上上下下都已经形成共识，要全面贯彻落实区域整体发展导向，将城市设计理念和成果纳入规划管理，要深化细化城市设计，首次采用土地供应中"带方案出让"的操作模式，进一步衔接实施建设。

2008 年 4 月，上海市委市政府结合虹桥枢纽的规划建设，提出开发虹桥商务区的总体构想。2009 年 7 月，沪委〔2009〕436 号文件明确成立上海虹桥商务区管理委员会（以下简称"管委会"）。2010 年 1 月，上海市人民政府颁布《上海市虹桥商务区管理办法》，明确管委会作为市人民政府的派出机构，依据本办法的规定履行相应职责：在规划编制和实施、功能打造、计划管理、枢纽协调和进博会区域服务保障等方面的统筹协调作用，不断完善商务区建设和管理运行机制。

2011 年 3 月，虹桥商务区核心区开发建设启动。上海申虹投资发展有限公司成为虹桥商务区主功能区土地前期开发的受委托实施主体，主功能区城市基础设施建设的重要投资主体，虹桥商务区公共服务配套项目的投资建设主体。承担虹桥商务区内几十个基础设施项目和功能性项目的投资建设[*]。

核心区一期采用国际方案征集的形式，邀请来自德国、英国、美国和澳大利亚的五家境外设计公司参加方案征集工作，达成核心区一期"打造低碳商务社区"的规划共识。之后，由上海市城市规划设计研究院联合优胜单位，汲取各家优点，开展方案整合暨城市设计深化工作，并确立核心区一期的规划目标——"贯彻落实以人为本和可持续发展的思想，充分发挥交通枢纽和商务功能的集聚整合作用，着眼长远、面向未来，突出低碳设计和商务社区的规划理念，将商务区建设成为：功能多元、交通便捷、生态高效、具有较

---

[*] 上海申虹投资发展有限公司成立于 2006 年 7 月，是经上海市人民政府批准组建的市级多元投资开发公司，2010 年之前，其主要职责是代表市政府投资、建设上海虹桥综合交通枢纽工程。2010 年，随着枢纽工程的基本建成，经市政府批准，公司功能从建设逐渐向投资开发转换，成为虹桥商务区主功能区土地前期开发的受委托实施主体，主功能区城市基础设施建设的重要投资主体，虹桥商务区公共服务配套项目的投资建设主体。

强发展活力和吸引力的上海市第一个低碳商务社区"。

2）土地出让前：编制"空间深化、专项深化、导则深化"的精细化城市设计

管委会及申虹公司领导凭借丰富的开发经验，提早意识到未来商务区内不仅有各种基础设施配套工程，还包含众多企业投资的地块开发工程。各工程之间相互衔接，交叉面众多，时间、空间等各种因素纠结在一起。仅借助常规的空间深化城市设计，则无法指导和解决后续实施建设的实际问题，而这些问题一旦遗留又会削弱和制约城市设计本应发挥的作用。所以管委会决定，在土地出让前，开展空间深化、专项深化、导则深化的工作（即精细化城市设计），让相应管控要求进入土地出让文件，获得法定身份。这个全面深化的设计工作非常重要。

2010年初由管委会组织，上海市城市规划设计研究院规划牵头，会同优胜单位（德国SBA公司、华东建筑设计研究院有限公司、上海建筑设计研究院有限公司、上海市政工程设计研究院等）一起形成规划设计团队，统一规划、统一设计，同步开展区域能源供能、二层廊道、地下空间、交通组织等各专项设计，最终形成"具备设计深度、控制力度，专项覆盖全面，实施难题解决原则提前约定的"《虹桥商务核心区一期城市设计及控制性详细规划调整》。本次精细化城市设计导则及图则，作为土地招拍挂文件，进入土地出让合同，是上海首次尝试土地供应中带方案出让的操作模式，实现了规划理念和实施操作的法定化衔接。

（1）城市设计特点

① TOD优势：大交通、大商务。核心区一期无缝衔接虹桥枢纽，可以在短时间内通过步行或摆渡车到达整合高铁、航空、轨交的虹桥综合交通枢纽。以虹桥枢纽为中心，1.5h内可以到达长三角区域内的所有重要城市，优越便捷的综合交通出行对商务活动极具吸引力。

② 功能业态布局：立体复合、城市三首层。虹桥枢纽所产生的巨大客流也意味着巨大的商机。核心区一期以总部经济和商务办公为主体业态，酒店、商业、零售、文化娱乐为配套业态。联动枢纽本体、形成"两轴、一带、三组团"的功能布局。功能布局也强调三维空间混合。商务功能主要布置在地面三层以上。商业休闲功能主要布置在地下一层、地面一层、地上二层，以"地下、地面、二层廊道"立体化联动的公共空间系统为载体，形成城市活力三首层（图8-3~图8-6）。

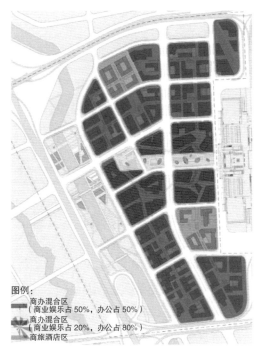

图例：
■ 商办混合区
（商业娱乐占 50%，办公占 50%）
※ 商办混合区
（商业娱乐占 20%，办公占 80%）
商旅酒店区

图 8-3　功能混合示意图

图例：
※ 主要公共开放空间
次要公共开放空间
- - - 街坊公共通道

图 8-4　公共开放空间布局示意图

图 8-5　机动车出入口引导图

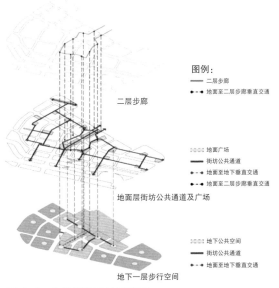

二层步廊

图例：
—— 二层步廊
▪--▸ 地面至二层步廊垂直交通

▣▣ 地面广场
—— 街坊公共通道
▪--▸ 地面至地下垂直交通
▪--▸ 地面至二层步廊垂直交通

地面层街坊公共通道及广场

▣▣ 地下公共空间
—— 街坊公共通道
▪--▸ 地面至地下垂直交通

地下一层步行空间

图 8-6　立体慢行系统设计图

③ 空间布局：整体统一、街区开放。核心区一期总体空间形态突出街坊小尺度、路网高密度、楼宇低高度、建筑高密度、街区开放、绿色低碳的商务社区特征（图 8-7）。

通过对建筑高度、建筑密度、街巷尺度、街坊序列、建筑形态等方面的控制，强调连续统一的城市界面、公共空间和城市肌理，形成强烈的归属感与认同感，树立商务区鲜明的整体形象特征。

道路网密度 10.8km/km²，街坊尺度约 150m×200m，街坊规模 3 ~ 5hm²，街坊步行道间隔为 90 ~ 150m。

④ 完整连贯的公共空间系统。核心区一期的公共空间是由城市公共绿地系统、广场系统、街坊内公共通道和绿地广场、二层廊道系统，以及地下公共通道系统共同组成的立体化、复合型、多元化的公共活动空间系统，不仅与枢纽本体无缝衔接，同时也将各个街坊建筑彼此结合起来（图 8-8）。

⑤ 优质慢行的立体步行系统。商务建筑之间的便捷流通（如商务洽谈、餐饮、购物等）对于 CBD 核心区的整体效率和紧凑性都至关重要。立体步行系统由"二层廊道、地面公共通道、地下公共通道"三线编织、直通枢纽。实现从交通枢纽出来后的最后 1km，实现"5＋2、白加黑、晴加雨"的无障碍步行全覆盖。商务人士和目的性消费人群可以通过二层廊道、地下公共

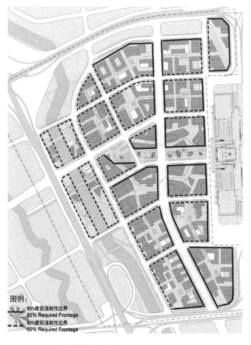

图 8-7 建筑界面贴线率引导图

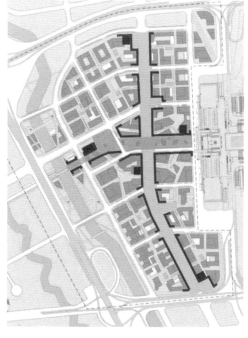

图 8-8 重要轴线边界引导图

通道直达区域内每幢建筑及国家会展中心，缓解地面交通压力。

　　立体步行系统串联起核心区地上、地面、地下各个位置的公共空间和商业设施，并结合街坊绿地建设标志性下沉式广场，激发商业功能彼此互动，融入核心区景观。立体步行系统"连上下、利通行，扮公园、美环境，举三层、拓商面"，成为人们在核心区上下班、购物、游憩等的极富特色的立体生活空间（图8-9～图8-11）。

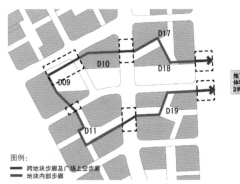

图8-9　二层步行廊道布局引导图

图8-10　地下空间步行系统联通布局引导图

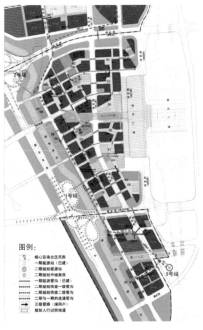

图8-11　集中功能规划布局图

⑥ 地下空间地面化：高强度、等价值、大连通。核心区一期提升土地利用效率，实现地下、地上空间等的价值开发。区域地下空间统一开发至地下三层。地下三层主要用于停车库，地下一层、地下二层均适度商业开发、统一标高、整体连通。核心区一期规划 21 条地下通道，全面连通所有地块、虹桥枢纽本体地下一层换乘大通道、国家会展中心，复合型的街坊内下沉式广场，将公共空间、配套功能、景观绿化、自然采光通风，以及方向辨识等融为一体，体现"地下空间地面化"设计。

⑦ 绿色街坊、智慧低碳。核心区一期绿色建筑遍布于人性化的街坊空间。所有建筑均达国家绿色建筑二星级标准，50% 以上建筑达标国家绿色建筑三星级标准。区域整体申报国家绿色园区示范工程，通过采取高密度开发，雨水收集回用，建设区域能源中心，立体绿化，低碳出行，建设有光纤网络、无线网络和公共服务的计算机平台及通信配套设施等系统措施，确保绿色低碳智慧目标的全面落实。

（2）精细化城市设计导则概述

导则从城市设计管控要素出发，主要内容包括：区域功能及风貌控制与引导；城市公共开放空间系统控制与引导（包括二层步廊系统，绿化空间系统，广场系统，街坊公共通道系统，重要建筑界面、建筑高度及天际线等）；建筑设计控制与引导；道路交通及地下空间控制与引导；低碳设计控制与引导（包括区域供能、绿色建筑等）等。除此之外，导则还对城市标识与照明系统、城市家具及绿化种植等提出引导性建议。

（3）城市设计导则及图则的法定地位

控制性详细规划法定文件明确了导则的法定地位："核心区一期城市设计导则与图则共同组成本次规划的控制体系，对城市空间形态、功能业态、环境风貌等提出的控制要求与引导建议，是虹桥商务核心区一期各地块开发项目设计和建设的重要依据，各设计单位和开发建设单位应严格执行导则和图则中提出的控制要求。涉及本规划导则及图则中街坊控制要求的内容原则上不得调整。在街坊整体开发时，涉及本规划导则及图则中地块控制要求的内容可适当调整，但须经由虹桥商务区管委会组织专家会专题论证，并报原上海市规划和国土资源管理局审核同意"。

3）土地出让环节：将城市设计导则纳入土地出让文件

（1）区域开发模式及土地出让方式

核心区一期共有 17 个街坊，以整街坊为单位，共分为 9 个出让单元。

其中03、07单元是单一街坊，其余单元由双街坊组成城市设计导则管控内容如表8-1所示。同一出让单元通常也是同一个市场投资主体，个别由2个及以上投资主体联合建设（图8-12、图8-13）。

表8-1　核心区一期城市设计导则管控内容简表

区域功能及风貌控制引导		
商务贸易组团	区域功能控制与引导	1. 商务办公主题功能比例≥70%，其辅助功能主要包括：商业、文化娱乐、酒店住宿等
		2. 整体布局坚持公共开放空间引导及混合多元的原则
		3. 商务办公在组团内宜均匀布置，辅助服务功能宜与商务办公混合布置，主要沿街坊公共通道、内部广场和小绿地布置
		4. 功能立体化混合多元的布局原则，底层宜布置辅助服务功能，建筑3层以上以办公功能为主，会议功能可结合办公与酒店布置
		5. 商务入住以现代服务业国际知名企业为主，形成行业特色与专业特征，有利于区域良性社会内涵形成
	区域风貌控制与引导	1. 组团建议通过地块建筑、构筑物、植物等进行围合，形成庭院式为主的相对内向空间布局
		2. 沿道路界面控制要素：建筑退界、贴线率
		3. 广场、小微绿地等节点通过街坊公共通道联系，形成城市公共开放空间系统
		4. 广场、绿地等公共开放空间节点需要注重人性化设计与变化，提高区域的认知度和归属感
		5. 建筑高度：6~8层为主，局部裙房连接：2~3层
商业商务组团	区域功能控制与引导	1. 主要功能为商务办公及商业娱乐，功能比例各50%为宜。商业娱乐功能主要包括：商业、文化娱乐、体育休闲、高端会议、精品展示、酒店住宿等
		2. 整体布局坚持公共开放空间引导及混合多元的原则
		3. 商务娱乐功能沿中轴线城市公共开放空间布局，部分小型服务设施可结合街坊广场进行布局
		4. 商务办公建议在建筑3层以上集中布置，商务娱乐功能建议相对集中布置在地下1层及地面1~3层
		5. 商务娱乐功能建议业态：中高档零售业、酒店、精品展览中心、高端会议中心、餐饮、咖啡酒吧、健身房、影剧院、美术馆、博物馆等，部分可与商务办公功能结合布置
		6. 商务入住以现代服务业国际知名企业为主，有利于高品质的公共活动环境的形成

（续表）

区域功能及风貌控制引导		
商业商务组团	区域风貌控制与引导	1. 组团各街坊建议围绕中轴线广场绿地、二层步廊进行布局
		2. 街坊内部建议以灵动自由、相对外向的空间为主，外部则与中轴线广场绿化结合
		3. 沿中轴线界面控制要素：建筑退界、贴线率；塑造中轴线地标性的特色景观效果
		4. 公共通道及二层步廊联通各个广场及地块建筑，使建筑社内外、街坊内外公共空间融为一体，形成复合的、多层次的、立体的城市公共开放空间系统
		5. 广场、绿地等公共开放空间节点需要注重人性化设计与变化，提高区域的认知度和归属感
		6. 建筑高度：8～10 层为主，局部裙房连接：3～4 层
滨水休闲带	区域功能控制与引导	1. 大面积景观休闲绿地及水景空间为主
		2. 少量建筑散布，功能以休闲娱乐为主
	区域风貌控制与引导	1. 建筑分散布局，建筑形式可自由、多样化，整体开发强度须严格控制
		2. 休闲娱乐功能建议结合大面积绿地及水景空间，提供休憩场所
		3. 整体形成开敞、自由、通透、贴近自然的区域城市形象
公共开放空间系统控制与引导		
重要建筑界面控制与引导	建筑退界距离控制与引导	城市主干道 - 申长路、苏虹路两侧建筑退 3～6m，其他城市道路建筑不退界，以减少城市街道空间尺度，形成路网高密度、街坊小尺度、建筑低高度的空间形态总体特征
	建筑界面贴线率控制与引导	1. 沿主轴线界面：沿东西向的中轴线和南北贯通的申长路商务功能发展轴的建筑界面，其界面贴线率不得低于 80%
		2. 沿枢组界面：沿枢组建筑界面贴线率不得低于 80%
		3. 沿申滨路界面：沿申滨路建筑界面贴线率不得低于 60%
		4. 沿街坊公共通道界面：街坊公共通道建筑界面贴线率不得低于 60%
	建筑界面通透率控制与引导	1. 沿主轴线建筑界面：沿主轴线界面聚集了大量的商业及文化娱乐设施，沿该界面宜布置通透界面，通透率建议不低于 80%
		2. 沿街坊公共通道建筑界面：中心商业商务组团商业及文化娱乐设施较为集中，该区域沿街坊公共通道建筑界面通透率建议不低于 80%
		3. 沿街坊公共通道建筑界面：南北商务贸易组团沿街坊公共通道可适当布置通透界面，通透率建议 50%～60%

（续表）

公共开放空间系统控制与引导		
重要建筑界面控制与引导	沿街建筑高度控制与引导	1. 受机场净空条件的限制，其建筑高度控制为吴淞高程 48m 2. 个别建筑由于特殊要求需要超过这一高度的应进行相关可行性论证，并征得空管部门的同意，并设警示设施
二层步廊控制与引导	总体控制与引导	1. 景观：虹桥商务区核心区标志性景观之一，是中心商业商务组团空间组织的重要元素，同建筑及公共空间结合，丰富景观层次，增加空间形式多元化 2. 功能：同周边建筑相连接，整体考虑，与商业文化娱乐等活动相结合，提升二层以上的公共活动价值与可行走性 3. 交通：通过二层步廊联系中心区的二层公共空间，缓解了地下及地面步行空间交通压力，改善地下环境，建立中心组团地下地面及空中的立体步行空间系统
	分段控制与引导	1. 跨越城市道路段： ·宽度控制 6～10m，相对标高＋6.5m（绝对标高约吴淞高程 11.3m） ·宜整体设计，统一风格； ·尽量垂直于城市道路方向进行跨越 2. 跨越街坊公共通道段： ·宽度控制 6～10m，相对标高控制＋6.5m（绝对标高约吴淞高程 11.3m）； ·结合所在街坊公共通道进行设计，整街坊统一风格，并与周边建筑相协调； ·尽量垂直于街坊公共通道进行跨越； ·街坊整体开发时，其宽度、标高、走向及接口位置可结合具体方案进行适当调整，但须经专家会专题会论证并获上海市规划和土地资源管理局审核通过 3. 结合地块建筑段： ·宽度控制 6～10m，相对标高控制＋6.5m（绝对标高约吴淞高程 11.3m），可结合建筑具体方案进行适当调整； ·宜与建筑整体设计，融入所在地块建筑； ·其走向可结合具体方案进行调整，但接口位置须进行控制； ·街坊整体开发时，其接口位置可结合具体方案进行适当调整，但须经专家会专题会论证并获上海市规划和土地资源管理局审核通过 4. 跨越公共绿地段： ·D09 街坊因区位特殊，位于中轴线尽端，其二层步廊须结合街坊整体设计，其宽度、标高、走向等要素可结合具体方案进行确定
街坊公共通道控制与引导	布局形式引导	南北商务贸易组团及中心商业商务组团街坊公共通道均以环状布置为主，整体以中轴线绿地作为衔接，成系统布局

（续表）

公共开放空间系统控制与引导		
街坊公共通道控制与引导	通道宽度控制	1. 主要街坊公共通道 20m，局部可以放宽到 25m 2. 次要街坊公共通道 15m，可根据情况适当缩放 3. 局部结合街坊建筑布局，放大形成广场空间
	绿地率控制	1. 商务贸易区内街坊公共通道（包括公共通道及广场）绿化率 35% 2. 商业商务区内街坊公共通道（包括公共通道及广场，但除去中轴绿化带）绿化率 20%
公共绿地控制与引导	中轴线绿地控制与引导	1. 轴线控制： · 保证中轴上的每个地块都有不少于 2 个地上地下联系的人行出入口（出入口的形式有下沉式广场、垂直交通核）； · 建议将小型商业娱乐服务设施与下沉式广场相结合设计，将交通核心与主要活动区域合二为一，但下沉式广场尺度不宜过小，避免造成"洞"的视觉印象； · D09 地块建议将下沉式广场或通往地下的垂直交通核与通向二层连廊的垂直交通结合设计，统筹考虑三个层面的人行交通，将地上、地面、地下空间一体化 2. 绿化引导： · 功能的多样性和混合性：绿化景观区域分层分段，结合下沉式广场布置休闲服务功能的公共建筑，提倡公共活动的多样性； · 肌理：采用绿地水景与铺地相间的布局方式，沿东西向轴线方向现状分布的景观肌理进一步强调中轴的引导性； · 铺地：色彩明快丰富，采用多种铺装材料（木质、碎石、石材、砖等）营造舒适活跃的休闲空间； · 植物：种植高大的常绿乔木，强调轴线性的同时，防止过多的日晒，有利于公共活动的进行
	其他绿地控制与引导	1. 滨河绿道： · 驳岸：多采用软质驳岸，零星点缀硬质的亲水平台。河岸绿化景观以自然风貌为主，辅以少量伸向水面的亲水平台，加强人与景观间的互动体验； · 绿地：运用草坡，绿岛，种植岛等多种绿地形式，绿化的肌理、线条自由多变，以起到柔化边界的作用，模拟出接近自然的风貌； · 铺地：色彩明快丰富，采用多种铺装材料（木质、碎石、石材、砖等）营造舒适活跃的休闲空间； · 植物：适宜滨水生长的中小乔木、灌木及草地，形成水绿交融的空间体验 2. 沿街绿地： · 林荫大道树距以 8～12m 为宜； · 应选择遮荫性强、抗污染、易维护与高适应能力、寿命长的树种，避免单一品种的植栽数量超过全部行道树的 25%； · 建议一种植栽不超过总数的 15%，以增加对病虫的抗病能力，形成稳定的树群结构

（续表）

公共开放空间系统控制与引导		
公共绿地控制与引导	其他绿地控制与引导	3.屋顶绿化： ·屋顶绿化：植物栽植于建筑物顶部，不与大地土壤边接的绿化； ·垂直绿化：利用植物材料沿建筑立面或其他构筑物表面攀扶、固定、贴植、垂吊形成垂直面的绿化； ·适用范围：屋顶绿化适用于12层以下、40m高度以下的建筑物屋顶；垂直绿化适用于棚架、建筑物墙体、围墙、桥柱、桥体、道路护坡、河道堤岸以及其他构筑物等
		4.庭院绿地： ·被建筑物围合的内部庭院可适量的布置庭院绿化； ·绿化以灌木为主，辅以少量乔木，将乔木灌木及花草有机地结合在一起，构成立体的绿化体系； ·与座椅等城市家具相配合，营造舒适安静的空间氛围，为办公区域提供休憩停留的场所
广场空间控制与引导	广场周边建筑界面设计引导	1.广场周边建筑底层建议使用透明材料，不鼓励使用镜面反射或不透明的玻璃。通透的底层界面有利于广场空间与街坊建筑的融合
		2.底层内部空间的过渡和融合，也有利于商业娱乐功能设施的展示和吸引人群
	商业商务组团街坊公共通道及广场设计引导	1.铺地：大面积铺地以温暖柔和的颜色为主，辅以部分区域明快丰富的色彩。铺地材料以石材为主，可以采用较为复杂的铺装图案来增加商业空间的活跃气氛
		2.景观：可采用雕塑，小面积水景等增加广场的可识别性，但忌用大面积的绿化景观，避免对人流疏散造成阻碍
	商务贸易组团街坊公共通道广场设计引导	1.铺地：大面积铺地以冷灰色调为主。铺地材料以石材为主，采用简洁的铺装图案，以线条和几何图案居多。营造出整洁大气的办公氛围
		2.景观：广场内多采用小块绿化合和水景以使开发空间更为舒适宜
建筑设计控制与引导		
建筑布局控制与引导	建筑布局设计引导	1.通过建筑物、植物、构筑物来加强空间的围合感，形成定义良好的庭院
		2.避免出现过于封闭和孤立的庭院
		3.可以通过相互联系的庭院来形成一个庭院体系
		4.拥有良好界面和尺度的庭院可以形成建筑和周边地区的"室外大堂"，建筑物对内形成庭院，对外定义城市街道界面
建筑色彩及材质引导	总体控制与引导	1.建筑的材料色彩应遵循城市色彩分区原则并与周边建筑相协调

（续表）

建筑设计控制与引导		
建筑色彩及材质引导	总体控制与引导	2. 不鼓励相邻地块建筑物使用完全一样的色彩，以保持街道立面的活力约变化
		3. 根据当地的气候特征，大面积的城市背景色应以明快、鲜明的色彩为主，不推荐使用深厚沉重的色彩
		4. 应使用耐久的高质量建筑材料，并尽可能选择维护成本较低的材料
		5. 应尽可能使用无有毒物质，可回收，可再利用，可更新的建筑材料
	分区设计引导	1. 多元色调控制区： · 鼓励多元化的色彩搭配以提供富有活力的商业体验； · 不鼓励建筑物整体色调为厚重的冷灰色调
		2. 灰色调控制区： · 鼓励外墙使用淡蓝绿色系玻璃材质，石料和水泥材料推荐使用中型色如浅灰色、淡黄色、暖白色等。创造现代、简洁的商务环境； · 建筑外墙使用的玻璃材料的反射率应该在 20% 以下（可以使用局部反光，不允许使用高度反光的玻璃）； · 不鼓励使用橙色、金色等鲜艳的建筑材料以及黑色、深红色等深颜色石料
		3. 前景建筑色调区： · 对区内建筑色彩不做具体指引，鼓励使用独特的建筑材质及色彩来形成有视觉冲击力的地标建筑物
建筑形式引导	分区设计引导	1. 多元色调控制区： · 整体建筑以现代主义风格为主，赋予建筑独特活泼的外立面，同时通过建筑之间的组合形成丰富的建筑形态，强调体量与体量之间的空间过渡，形成多层次的建筑空间，充分考虑身在其中的人的认知和感受，达到建筑内在与外在的统一； · 商业建筑强调商业尺度和商业建筑风格，关注商业街景，营造浓厚独特的商业氛围
		2. 灰色调控制区： · 整体上建筑风格与形式以现代形式为主，展现现代技术美感，综合考虑各区建筑风格的统一，做到协调一致，达到个性和共性的统一，以此展示新一代商务区的独特风貌； · 办公建筑一般采用三段处理方式，注意底层空间的细节设计和屋面设计
		3. 前景建筑色调区： · 区内建筑结合不同使用功能、文化内涵和价值取向，建筑形式灵活多样，展现独特的群体风貌； · 标志性建筑可以不受形式限制

（续表）

低碳设计控制与引导		
总体原则		以节约能源、优化能源结构、倡导合同能源管理体系、加强生态保护和建设为重点，统一规划，分步实施，在城市可持续发展、低碳实践、生态建设、绿色建筑、信息化与科学管理等方面具有较高的技术水平和示范性
建设目标		1. 建设 1 个国家级"低碳城市示范区"
		2. 建设 3 个以上国家"绿色建筑设计评价标识"和"绿色建筑评价标识"三星级双认证建筑，建议：地标节点
		3. 建设 20 个以上国家"绿色建筑设计评价标识"和"绿色建筑评价标识"二星级双认证建筑，建议：地标节点、主要标志建筑
		4. 建设 20 个以上国家"绿色建筑设计评价标识"二星级单认证建筑
低碳指标体系	城市规划布局	1. 街坊功能混合配置 100%
		2. 区域内的平均绿化率大于 30%
		3. 到达最近绿化空间步行距离 ≤ 200m
	能源与资源资源管理	1. 实行合同能源管理建筑所占比例 ≥ 50%
		2. 设置能耗监测系统的建筑所占比例 100%
		3. 雨水利用率 ≥ 30%
		4. 非传统水源利用率 ≥ 20%
	绿色交通	1. 绿色出行所占比例 ≥ 90%
		2. 公交主干线发车间隔时间 ≤ 15min
		3. 公交专用道或优先道的比例 ≥ 20%
		4. 自行车、行人友好的地块尺度 ≥ 200 ~ 600m
		5. 步行道与自行车道连通度 100%
		6. 步行道与自行车道的林荫率 ≥ 80%
		7. 到达最近公共交通站点的步行距离 ≤ 5min，400m
		8. 到达最近快速交通站点的步行距离 ≤ 10min，800m
		9. 到达最近可购买日常用品商店的步行距离 ≤ 10min，800m
		10. 到达最近就业点的步行距离 ≤ 20min，1 600m
	建筑设计	1. 国家一星级绿色建筑所占比例 100%
		2. 建筑设计总能耗低于国家批准或备案的节能标准规定值的 70% ~ 80%

（续表）

低碳设计控制与引导		
低碳指标体系	建筑设计	3. 建筑外窗可开启面积比例 ≥ 50%
		4. 室内自然采光满足国家标准的主要功能空间比例 ≥ 75%～80%
		5. 合理采用屋顶绿化、垂直绿化等方式，屋顶绿化面积占屋顶可绿化总面积的比例 ≥ 50%
		6. 主要光照面选择与建筑的一体化的可调节外遮阳的建筑所占比例 100%
		7. 避免幕墙、室外景观照明对周边建筑物带来光污染的建筑所占比例 100%
	低碳社会文化	1. 环境满意度 100%
		2. 低碳宣传普及率 100%
		3. 参与低碳居民人数 ≥ 80%
		4. 低碳与环保投资占 GDP 比重 > 3%

道路交通及地下空间控制与引导		
道路交通控制与引导	停车控制与引导	1. 地块配建停车引导： · 以适应需求为主，引导需求为辅； · 配建指标制定遵循适度原则； · 鼓励配建停车场公共化
		2. 停车场库连通引导： · 街坊整体出让情况下，地下车库建设采用地下整体开发； · 街坊分地块出让情况下，地下车库建设采用街坊内地块间地下车库通道连通的方式； · 由于开发时序造成地下车库无法及时连通时，该地下车库应按照实际出入口数量对停车数量进行限制
		3. 路内停车： · 设置路内停车的道路在交通高峰期间饱和度不应大于 0.8； · 设置有路外公共停车设施的周围 200～300m，原则上禁止设立路内停车场； · 在城市快速路和主干道上禁止设置路内停车； · 路内停车采取限时设置的原则，避免高峰时段对道路资源的占用
	地块机动车出入口控制与引导	1. 通则： · 主干路沿线原则上禁止开设地块机动车出入口，部分路段若地块确实需要可设置右进右出入口，但必须离开交叉口 80m 以上或距离交叉口最远处； · 次干路渠化段禁止设置地块机动车出入口，沿线其他线段的地块机动车出入口需离开交叉口 50m 以上或者距离交叉口最远处；个别条件限制但确实 需要开设机动车出入口的路段必须经过规划行政管理部门的批准；

（续表）

道路交通及地下空间控制与引导		
道路交通控制与引导	地块机动车出入口控制与引导	·支路沿线设置地块机动车出入口，距离与主干路相交的交叉口不宜小于 50m，距离与次干路相交的交叉口不宜小于 30m，距离与支路相交的交叉口不应小于 20m； ·距交叉口的距离，应从交叉口红线转角曲线的端点起至机动车出入口道端边线计算
		2. 与交通设施相关的控制原则： ·轨道交通车站行人出入口、人行过街设施（天桥、地道）30m 范围内不应设置地块机动车出入口； ·铁路道口 50m 范围内不应设置地块机动车出入口； ·桥梁、隧道引道范围内不应设置地块机动车出入口，距其端点 50m 范围内不宜设置地块机动车出入口，若确实需要可设置右进右出出入口； ·公交车站 15m 范围内不应设置地块机动车出入口； ·慢行通道沿线禁止开设地块机动车出入口
		3. 特殊控制原则： ·使用性质特殊的地块，如消防站等，其用地范围沿线路段不限制地块机动车出入口的设置； ·现状保留地块若无改造，其机动车出入口可不作调整； ·如有特殊情况难以达到上述条款控制要求的，需得到规划行政管理部门的批准
	公交站点控制与引导	1. 方便不同公交线路之间的衔接与换乘
		2. 重视与重要商业网点、人行广场的衔接
		3. 结合二层步廊及地下人行通道出入口设置
		4. 协调与地块机动车出入口之间的关系
		5. 公交站点间距控制在 300~500m，保证核心区公交站点覆盖率
	公共自行车租赁点控制与引导	1. 结合公交枢纽或公交站点设置，解决公交末端"最后一公里"问题，为市民提供更加便利的公共交通服务
		2. 在滨水旅游区、重要商业网点的周边设置，减少不必要的私人小汽车出行，提供良好的休闲、购物、旅游体验
		3. 结合公园、绿地、建筑设置，与二层步廊、地下人行通道出入口、步行通道相协调，方便使用
		4. 公共自行车交通系统租赁点的设置，间距宜控制在 500m 左右，保证公共自行的服务范围及居民租赁、换车的便捷
		5. 公共自行车交通系统租赁点规模宜控制在 20 辆以上，能有效地保证服务的有效性并减少占地面积

（续表）

道路交通及地下空间控制与引导		
地下空间控制与引导	地下空间功能布局控制与引导	1.中心商业商务组团：中心商业商务组团地下一层以商业文化娱乐等公共活动功能为主；地下二层结合中轴线地下空间局部布置商业文化娱乐等公共活动功能，其余以停车及配套服务设施为主 2.南北商务贸易组团：商务贸易组团地下一层以服务配套设施及停车为主，局部街坊（D16、D20）地下一层以商业等公共活动功能为主；地下二层以服务配套设施及停车为主
	地下空间通道设计控制与引导	1.地下步行商业公共通道： ·组织街坊地下商业等公共活动功能，对活动者起到引导作用，同时联系中轴线地下空间及南北组团部分地下空间； ·步行商业公共通道建议宽度不小于10m，宜统筹考虑与周边地块地下空间的关系，保证其与周边地下空间商业等公共活动功能良好的衔接； ·步行商业公共通道局部可结合街坊公共通道设置垂直交通或下沉广场。在不影响地面步行空间的连续性和完整性及应急车辆通行的基础上，其顶面局部可采用玻璃等通透性较好的材质，以利于良好的自然采光 2.其他通道： ·街坊内通道包括人行通道及车行通道，人行通道主要布置在地下一层，车行通道主要布置在地下二层； ·在主干路申长路及苏虹路两侧，街坊与街坊之间可设人行通道进行连接；
	地下空间标高控制与引导	1.地下一层相对标高 −6.0m； 2.地下二册相对标高 −10.0m； 3.中轴线地下空间相对标高 −9.35m； 4.在保证地下空间各层面良好衔接的前提下，地下空间标高可做适当调整
城市标识与照明系统引导		
城市标示系统引导	城市公共标示引导	1.区域门户标识设计引导： ·以鲜明的特色门户设计标识出所达地区的主要交通入口； ·指明进入项目的主要机动车入口 2.功能区标识引导： ·标志出项目内特殊区域的入口； ·标识应结合区域特点，设置于地区的重要场所； ·应采用特色鲜明、造型自由的标识相结合 3.车行导向系统设计指引： ·注意标识的整体设计及安放位置要醒目，明确； ·可作为独立标识牌，更可以依附在柱子（如灯柱）和建筑物上，效果更佳

（续表）

城市标识与照明系统引导		
城市标示 系统引导	城市公共 标示引导	4. 行人导向系统设计指引： ·标识应设立于主要目的地及公共设施处； ·标识应从行人的角度导向亭和地图的尺度； ·标识应为行人提供各类相关的服务、活动及公共通告信息
	地块标识及 广告标识 引导	1. 广告的样式应与建筑物的整体风格保持一致
		2. 禁止在屋顶或屋顶檐口以上设置广告牌以创造连续的建筑物天际线
		3. 建议使用简单、直接、易读并且能展现独特主题的广告标识
		4. 广告的构成元素、尺度大小应与建筑的立面韵律相协调
		5. 广告的材质、颜色应与建筑立面材料相协调
		6. 相对于耐用的、高质量的材料；不鼓励出现纸质或者布质的广告材质
城市照明 系统引导	城市公共照 明系统引导	1. 明亮的、有活力的照区：照明包括对标识的照射和对建筑物的照射以及主要道路的照明，旨在为夜间活动、广告和店面提供照明
		2. 持续的、有韵律的照区：照明包括步行尺度的灯饰、对建筑物的照射、对衬托景观小品的照射和对某重点局部的照射，并且包括除主要道路的其他所有街道的照明，旨在为步行活动提供照明保护行人安全
		3. 柔和的、微微闪烁的照区：照明包括对衬托景观小品的照射和对某重点局部的照射，旨在增加美感烘托气氛
	建筑照明 系统引导	1. 建筑物照明要强调建筑物立面的可识别性并加强关键的建筑设计元素
		2. 通过照明来强调建筑物的主入口
		3. 避免对建筑物周边的地块和街道造成光污染
		4. 建筑物照明要和景观及街道的照明相协调

城市家具及绿化种植引导		
城市家具 引导	休息座椅 引导	1. 沿主要人行道可沿行道树布置，给游客短期停留使用
		2. 广场上的休息座椅应较多，可以结合广场上的绿化，水景，高差等设计，成为景观的一部分
		3. 小公园里的座椅设置宜兼顾趣味和使用需求，可设计为活动的座椅，由使用者决定它的位置
		4. 座椅的风格选择上，应使用简洁的椅子，材质为木或者钢
	公共艺术 设施引导	1. 序列雕塑： 同一主题和模式的系列雕塑的组合，有较强的引导性和主题性，分布于线性的区域内

城市家具及绿化种植引导		
城市家具引导	公共艺术设施引导	2. 广场雕塑： 主要放置于广场中，主要用于趣味空间的点缀，形式要与空间主题相符
		3. 主题雕塑： 大型雕塑，主要布置在大型绿地中，以及主要区域入口处
	其他街道家具	其他街道家具如垃圾桶、路灯的设置，也需要进行系统的规划。街道家具选择的总体原则是，简洁，富有现代气息，与周边地块的特征协调
城市绿化种植引导	总体原则	1. 突出生态绿化的功能性作用，建立基地及周边地区的生态绿网
		2. 最大程度地利用已有自然景观资源，合理整合
		3. 充分利用该地区植物多样性特色，建立丰富的植物群落关系
		4. 以低维护，抗污染，高适应性为植栽骨干材料
		5. 植物配置中运用乔木、灌木及草花有机结合，构成多层次立体景观结构
		6. 造景考量季相变化及色彩搭配，充分与建筑尺度、色彩相协调，缔造完美的视觉效果
		7. 设计中适当选用具有地方特色的植物，体现当地的植物文化
	行道树种植引导	1. 林荫大道： 林荫大道树距以 8～12m 为宜；多以绿荫如盖、形态优美的落叶阔叶乔木为主
		2. 林荫小道： 多以绿荫如盖、形态优美的落叶阔叶乔木为主
		3. 人行步道： 可种植落叶类及观赏类的乔木，增加步行空间的趣味和变化
	开放空间种植计引导	1. 防护绿化： 以悬铃木、松柏、银杏等乔木为主，辅以多种灌木及草本植物形成层次丰富有效的防护绿化带
		2. 沿河绿化： 以垂柳、水松、水杉等耐水乔木为主，配以细叶苔草、龙舌兰、紫薇等小型耐水植物，丰富滨水景观
		3. 庭院绿化： 以灌木及小乔木为主，多种植观赏类及落叶类植物，随着季节变换可以获得不同的色彩搭配
		4. 中轴线绿化带： 以香樟、大叶女贞、银杏等乔木为主，辅以多种色彩的灌木呈线性种植，展现轴线的延伸感，同时随着季节变换可以获得不同的色彩搭配

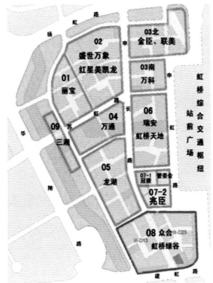

图 8-12 核心区一期出让单元

图 8-13 核心区一期街坊红线

核心区一期采用"模式一"整体开发，即以街坊为单位，产权依街坊红线竖向划分，街坊内部地下、地上空间一体化；街坊之间，根据精细化城市设计设定的地上、地下的连通要求，彼此以"点"连通或"面"连通，从而实现整个核心区一期地下空间、地上楼宇、公共空间的立体复合、互联互通。

该模式的产权、设计、建设、运维四大界面均以街坊红线为法线。如地下空间、二层廊道等系统设施，依据街坊红线分为：地块内部段——由地块开发商负责设计、建设；公共段（包括地下空间公共人行通道、空中廊道公共段）——由申虹公司负责设计、建设。协调重点主要在于处理好衔接面或衔接节点的关系。

（2）城市设计导则及图则纳入土地出让合同——"带方案"出让土地

所谓"带方案"，是各地块土地受让方必须接受本地块上位城市设计方案成果，将精细化城市设计导则和图则作为附件纳入土地出让文件，每一个出让单元都有自己的导则清单，以确保城市设计成果及规划理念的落实[*]。

以 06 出让单元为例，其导则清单表如表 8-2 所示。

---

[*] 依据需要"被带入"地块的上位整体开发要求的类型，规划部门有"三带""四带"的说法，如"带功能、带地上方案、带地下空间、带基础设施（能源、交通等）"等。周建非. 精细化管理模式下城市设计和附加图则组织编制的工作方法初探 [J]. 上海城市规划，2013（3）：91-96.

表8-2　06出让单元导则清单简表

1. 土地使用规划及功能布局控制

1.1 土地使用规划

地　块		用 地 面 积	总建筑面积	容 积 率	绿 地 率
Ⅲ-D17	Ⅲ-D17-01	8 620	36 204	4.2	15
	Ⅲ-D17-02	5 090	27 995	5.5	5
	Ⅲ-D17-03	9 960	48 804	4.9	15
	Ⅲ-D17-04	7 220		0.0	20
		30 890	113 003	3.7	
Ⅲ-D18	Ⅲ-D18-01	13 660		0.0	
		13 660	0	0.0	
Ⅲ-D21	Ⅲ-D19-01	4 980	20 916	4.2	15
	Ⅲ-D19-02	9 710	49 521	5.1	15
	Ⅲ-D19-03	4 850	25 705	5.3	15
	Ⅲ-D19-04	5 170	24 299	4.7	15
	Ⅲ-D19-05	9 120		0.0	20
		33 830	120 441	3.6	

1.2 开发强度、密度

地　　块		用 地 面 积	总建筑面积	容 积 率	绿 地 率
Ⅲ-D17	Ⅲ-D17-01	8 620	36 204	4.2	15
	Ⅲ-D17-02	5 090	27 995	5.5	5
	Ⅲ-D17-03	9 960	48 804	4.9	15
	Ⅲ-D17-04	7 220		0.0	20
		30 890	113 003	3.7	
Ⅲ-D18	Ⅲ-D18-01	13 660		0.0	
		13 660	0	0.0	
Ⅲ-D21	Ⅲ-D19-01	4 980	20 916	4.2	15
	Ⅲ-D19-02	9 710	49 521	5.1	15
	Ⅲ-D19-03	4 850	25 705	5.3	15
	Ⅲ-D19-04	5 170	24 299	4.7	15
	Ⅲ-D19-05	9 120		0.0	20
		33 830	120 441	3.6	

1.3 功能布局

		办公面积	会议展览	商　业	文化娱乐	酒　店	服务性酒店	公共设施	
Ⅲ-D17	Ⅲ-D17-01	31 904		4 300					36 204
	Ⅲ-D17-02	13 462		8 600	1 413			4 520	27 995
	Ⅲ-D17-03	1 446	4 520	8 600	4 238	30 000			48 804
		46 833	4 500	21 500	5 650	30 000		4 520	113 003
Ⅲ-D18	Ⅲ-D18-01								
Ⅲ-D19	Ⅲ-D19-01	7 975	837	6 504	1 987			3 613	20 916
	Ⅲ-D19-02	36 580	1 981	4 336	6 624				49 521
	Ⅲ-D19-03	17 691	1 028	4 336	2 650				25 705
	Ⅲ-D19-04	14 836	972	6 504	1 987				24 299
		77 082	4 818	21 679	13 249			3 613	120 441
	Sum.	123 915	9 318	43 179	18 899	30 000	0	8 133	233 444
		57.19%			39.4%			3.5%	

1.4 建筑高度

Ⅲ-D17和Ⅲ-D19街坊内建筑控高43m（相对标高），38～43m高度的建筑体量正投影面积百分比控制在的16%以内，30～38m高度的建筑体量正投影面积百分比控制在的9%以内

2. 公共交通控制

2.1 公交线路及站点

到达Ⅲ-D17，Ⅲ-D19街坊的公交线路有区域内环线，内部过境公交线路和外围市郊公交线路，Ⅲ-D17街坊西侧沿申长路，Ⅲ-D19街坊东侧沿申虹路各设置一个公交站点

2.2 自行车停放点

在Ⅲ-D19-03地块沿申虹路一侧设置公共自行车租赁点，公共自行车交通系统租赁点规模宜控制在20辆左右，能有效地保证服务的有效性并减少占地面积

（续表）

2. 公共交通控制	2.3 机动车出入口	1. 机动车出入口设置应以城市支路为主，限制在城市次干道开口；主干道距离交叉口 50m 不得设置机动车出入口，次干道距离交叉口 30m 不得设置机动车出入口
		2. 街坊内步行道路可在紧急情况作消防车道，货车仅限早 8：00 前使用车道；建议将机动车出入口通道与建筑结合建设，避免将停车场暴露于城市景观中
3. 城市公共空间控制与建议	3.1 建筑退界线、强制性贴线率控制	1. 建筑退界线控制： Ⅲ-D17 街坊沿申虹路建筑退红线 10m，沿申长路建筑退红线 3m，沿商业休闲景观轴、苏虹路建筑贴红线建设。Ⅲ-D19 街坊沿申虹路建筑退红线 10m，沿申长路建筑退红线 3m，沿舟虹路建筑贴红线建设
		2. 强制性贴线率控制： Ⅲ-D17 街坊面向申长路、申虹路以及商业休闲景观轴界面，建筑物沿建筑退界线后退不大于 1m 部分不得小于 80%。Ⅲ-D19 街坊面向申长路、申虹路、邵虹路界面，建筑物沿建筑退界线线后退不大于 1m 部分不得小于 80%。面向街坊公共通道界面，建筑物沿建筑退界线后退不大于 1m 部分不得小于 60%
	3.2 街坊公共通道及广场控制及建议	1. 街坊内主要步行道宽应为 20m，局部可以放宽到 25m。中间的绿化带应该控制在 5m 范围内
		2. 次要步行道宽应为 15m，可根据情况适当缩放
		3. Ⅲ-D17，Ⅲ-D19 街坊内设置公共通道和公共开放空间以便整个区域形成连通
		4. 建议：建筑—可采用通透底层、室内步行走廊、骑楼的方式，对步行空间的形式进行变化，为行人创造富于变化和趣味的空间感受。街坊内底层多为商业娱乐功能，建议底层界面通透率达到 80%。铺地—建议大面积铺地以温暖柔和的颜色为主，辅以部分区域明快丰富的色彩。铺地材料宜以石材为主，可以采用较为复杂的铺装图案来增加商业空间的活跃气氛。景观—建议采用雕塑，小面积水景等增加广场的可识别性，但不宜用大面积的绿化景观，以避免对人流疏散造成阻碍
	3.3 绿化及种植建议	1. 沿街绿化： 林荫大道树距应该以 8～12m 为宜；建议选择遮荫性强、抗污染、易维护与高适应能力、寿命长的树种，避免单一品种的植栽数量超过全部行道树的 25%
		2. 屋顶绿化： 建议充分利用多层建筑物屋顶，建设更多的现代化"空中花园"，使房屋得到良好的保温隔热，减少电资源的浪费

（续表）

3. 城市公共空间控制与建议	3.3 绿化及种植建议	3. 商业休闲景观带： 　　绿化景观区域宜分层分段，建议结合下沉式广场布置休闲服务功能的公共建筑，提倡公共活动的多样性。建议采用沿东西向轴线方向线状分布的景观肌理进一步强调中轴的指引性。建议采用明快丰富的色彩，采用多种铺装材料（木质、碎石、石材、砖等）营造舒适活跃的休闲空间。建议种植高大的观赏类乔木，强调轴线性的同时，防止过多的日晒，有利于公共活动的进行
		4. 街坊公共通道及广场： 　　建议种植落叶类或景观类的小型乔木配合灌木及盆栽，构成立体的绿化体系
	3.4 城市标识建议	1. 城市公共标识： 　　建议在Ⅲ-D18街坊设置区域门户标志，应该以鲜明的特色门户设计标识出所达地区的主要交通入口，同时应该指明进入项目的主要机动车入口。建议在Ⅲ-D17和Ⅲ-D19街坊布置功能区标志，应标志出项目内特殊区域的入口，标识应结合区域特点，设置于地区的重要场所，建议采用特色鲜明、造型自由的标识
		2. 车行人行标识： 　　建议街坊内布置车行标识及人行标识，车行导向标识应该设立于道路交叉口，人行导向标识建议设立于主要目的地、公共广场和公共设施处。建议整体设计标识
		3. 广告标识： 　　不得在屋顶或屋顶檐口以上设置广告牌，破坏连续的建筑物天际线；广告的构成元素、尺度大小、材质、颜色建议与建筑的立面韵律相协调；建议使用相对于耐用的、高质量的材料
	3.5 照明	街坊属于明亮的、有活力的照区：照度控制－暖光高照度；光色控制——以暖色为主，光色丰富；照明氛围——活跃、明快、有感染力。为街道与公共空间提供活跃的氛围。建议包括对标识的照射和对建筑物的照射以及主要道路的照明，旨在为夜间活动、广告和店面提供照明
	3.6 家具	城市家具的布置及风格需进一步的城市设计统一制定。布置位置建议如下：座椅——公园、广场或步行道设置；车站雨篷——配合公交车站点设置；锁车街具——配合自行车租赁点、公园或步行区设置；废物箱——基地内平均每50m设一个废物箱；路灯——车行道及主要步行道两侧布置；城市公共艺术设施——建议在商业休闲景观带内布置大型城市公共艺术设施
4. 二层步廊	4.1 分类及规模	1. 根据空中廊道所在区位，全段可分为四段：跨越城市道路、跨越街坊公共空间、结合街坊组团建筑、结合城市绿化广场
		2. 根据空中廊道所在区位，全段可分为四段：跨越城市道路、跨越街坊公共空间、结合街坊组团建筑、结合城市绿化广场

（续表）

4. 二层步廊	4.2 开发模式及建设主体	1. 跨越城市道路、结合城市绿化广场的二层廊道，由政府建设完成
		2. 跨越街坊公共空间、结合街坊组团建筑的二层廊道，由地块开发单位建设完成
	4.3 标高、高度及宽度控制	1. 标高：结合街坊建筑部分标高控制在＋6.0m（绝对标高约吴淞高程10.8m），可根据建筑二层功能做适当调整，变化幅度控制在上下各0.5m内。穿越街坊公共空间部分标高控制在＋6.0m（绝对标高约吴淞高程10.8m）
		2. 净高：不低于5m，与建筑结合的部分可根据建筑层高调整
		3. 宽度：不得小于6m。在与建筑结合部分，局部衔接部分可根据设计需求加宽，为行人提供停留，通行的场地，宽度宜为8～10m。与西郊广场衔接部分标高可适当调整，以满足步廊与广场的过渡衔接和广场的通行需求
	4.4 竖向联系控制及建议	1. 与公共通道联系控制：街坊内主要公共通道均应该布置通向二层步廊的垂直交通，必须参考建筑疏散距离
		2. 与地面，地下立体联系位置及形式建议：建议位置设在Ⅲ-D17南侧近中轴线部分，Ⅲ-D19北侧近绍虹路处。建筑内的垂直连通模式宜于建筑垂直设计整合，公共通道内的竖向联系，宜与景观设计协调统一
		3. 与西郊广场竖向联系（Ⅲ-D17，Ⅲ-D19）二层步廊跨越申虹路与枢纽西交广场连接，应设置在广场平台的南北部分，不影响广场功能位置。建议采用自动扶梯，直线楼梯或坡道的形式
	4.5 二层步廊对接及与建筑连接控制及建议	1. 与建筑连接方式建议： 采用嵌入建筑内部或紧贴建筑的方式设置二层步廊，有利于创造更多的沿街商业界面
		2. 二层步廊对接控制及建议： 应在用地红线以外10m范围预留接口，两侧的步廊对接。二层廊道对接式部分应保证建筑立面完整、应保证公共空间界面的连续
	4.6 造型建议	整条步廊建议采用总体保持一定的统一性，宜使用相似材料。整体风格现代简洁。结合街坊建筑部分建议形式相对简洁，以避免步廊的风格与建筑立面的矛盾。穿越街坊公共空间部分建议在与整体步廊统一风格材料的基础上增加个性化元素，建议形态相对独特和有标志性，使其成为视觉上的景观焦点
5. 地下空间控制	5.1 功能及规模控制	B1以商业空间为主；B2～B3以地下车库、设备空间为主。停车配建850辆
	5.2 地下退界控制	1. 地下空间退界不应小于地下建筑物深度（自室外地坪至地下室底板的距离）的0.7倍且最小值不应小于3m

（续表）

5. 地下空间控制	5.2 地下退界控制	2. 地下空间边界在设计及施工条件允许的前提下可不退红线，需由管委会确认
	5.3 开发模式及建设主体	1. 鼓励各地块满堂开发地下室
		2. 街坊用地红线内地下空间由街坊土地开发商负责完成；鼓励地块内各开发商协商联合街坊开发公共地下部分
		3. 其他位于市政道路下地下空间由政府负责完成
	5.4 竖向设计控制及建议	1. 层高及标高控制：地下一层 -6～-7m；地下二层 -10～-11m；标高允许浮动 ±0.5m。商业休闲景观轴地下一层 -9.35m（以上均相对标高）。地下商业、步行、广场设施净高不小于 4.5m。可根据地块内具体情况进行衔接调整。
		2. 避让控制：人和车产生矛盾时，行人空间优先；地下民用设施与市政设施发生冲突时，市政设施优先；交通和管线产生矛盾时，管线优先；不同交通形式产生矛盾时，根据避让的难易程度决定优先权；管线之间产生矛盾时，重力管优先
		3. 地下空间高差部位连接方式建议：方式1——廊道穿越商业休闲景观轴地下空间，连接南北两侧步行轴。方式2——直接用楼梯连接两个标高的地下空间。建议将楼梯布置于商业休闲景观轴地下空间内
		4. 地下地面立体联系位置方式建议：设在Ⅲ-D17 南侧近中轴线部分，Ⅲ-D19 北侧近绍虹路处。可以结合建筑或公共开放空间景观进行设置，形式可采用开放型，便于人流疏散；商业休闲景观轴建议采用下沉式广场的方式
	5.5 地下一层步行系统控制	1. 地下商业、步行道、广场设施净高不小于 4.5m，主要地下步道宽度不小于 8m
		2. Ⅲ-D17 街坊北侧跨越湖虹路设置一处地下过街通道；Ⅲ-D19 西侧跨越申长路以及南侧跨越舟虹路各设置一处地下通道。宽度不小于6m，通道相对标高 -7.5m，由于穿越市政路，可降低对地下通道的层高控制，但不小于 3m
	5.6 地下二层停车系统控制	街坊内部各个地块地下车库在地下二层环通，以减少车库出入口.建设阶段未形成环通之前控制地块停车数量不超过 200 辆
6. 建筑设计控制及建议	6.1 地标建筑位置控制、意向建议	1. Ⅲ-D17 街坊内东南侧布置一栋地标建筑，高度应该控制在38～43m（相对标高）以内。建筑的形态、颜色及材料建议新颖独特，鼓励大胆变化，使其成为整个区域范围内的视觉焦点和中心，指引人群进入区域和到达区域中心
		2. Ⅲ-D17 街坊西南侧布置一栋重要建筑，Ⅲ-D19 街坊北侧布置两栋重要建筑，高度应该控制在 30～38m（相对标高）以内。建筑的形态建议适当的变化，突出建筑的标志性。但在颜色和材料上不宜过于丰富多变，以避免造成空间上过于杂乱。其作用是在重要的区域内辅助地标构建空间

（续表）

6. 建筑设计控制及建议	6.1 地标建筑位置控制、意向建议	3. Ⅲ-D17 街坊内北侧临次要开放空间布置一栋局部重点处理建筑，高度应该控制在 34m（相对标高）以下 4. 不建议通过高度达到标识空间的效果，宜通过形态或材料的变化标识空间。不建议整体风格形态过于特殊和醒目，建议在局部做形态、材料、色彩上的变化达到效果
	6.2 建筑意向建议	1. 颜色材料： 建议多元化的色彩搭配以提供富有活力的商业体验，不宜选用厚重的冷灰色调 2. 风格及形式： 建议整体建筑以现代主义风格为主，赋予建筑独特活泼的外立面，同时通过建筑之间的组合形成丰富的建筑形态，强调商业尺度和风格，关注商业街景，营造浓厚独特的商业氛围
7. 低碳设计建议	7.1 绿色建筑标准	Ⅲ-D17-03 和 Ⅲ-D19-04 地块内建筑需达到三星级绿色建筑标准，Ⅲ-D17 和 Ⅲ-D19 街坊内其他地块建筑需要二星级绿色建筑标准
	7.2 太阳利用率	建筑布局东西向旋转 15 度左右有利于建筑及外部空间的夏季遮荫和冬季采光；屋顶花园和二层公共活动步廊为外部空间争取更多阳光；主要及次要公共步行空间应控制在 12～20m，增加建筑及外部空间的舒适度；利用建筑立面反射增加外部空间中的亮度；通过局部坡屋顶等建筑形态变化改善邻里的光照条件
	7.3 自然通风	西北角设计冬季挡风建筑，东南角开口，有利于在冬夏两季调节气候；平缓的天际线，相对均匀的建筑高度指引平稳的气流；不同高度建筑改善公共空间微环境，避免气流直接冲击底层空间；建筑迎风面增加变化形成漫反射的效果，削弱气流强度
	7.4 建筑材料	建筑材料尽量做到就地取材，土方平衡，避免远距离运输；推广遵循模数协调统一的设计原则，进行标准化设计；在建设过程中采用低碳环保型建筑材料

　　核心区一期各街坊地块在土地出让环节设定了"带城市设计导则及图则"的出让条件，出让给符合规划定位的市场投资主体，共同遵循整体理念。所以，虽然核心区一期有十几家开发单位，每家开发单位都对建筑设计有自己的想法，但由于遵循《虹桥商务区核心区（一期）城市设计及控制性详细规划调整》对地块建设的具体管控引导，最终呈现的建筑形象比较好地契合了整个核心区一期的城市设计愿景。

　　每个街坊共分 5 张图则：总体控制图则、功能业态图则、城市设计控制图则（地上）、城市设计控制图则（地下一层）、城市设计控制图则（地下二层）。①总体控制图则主要控制引导元素包括：用地性质、地块边界、地块编号、建筑规模、容积率、绿地率、建筑密度、地块主要配建设施等。②分层控制图则主要控制引导元素包括：各层主导功能，各层配建设施及详细的设置要求。③城市设计控制图则（地上）主要控制引导元素包括：地块边界，建筑可建造范围，通道形式、位置及宽度，二层步廊布置形式、位置和宽度，垂直交通位置等。④城市设计控制图则（地下一层）主要控制引导元素包括：地下空间一层可建造范围、标高、主导功能、联系通道位置及宽度、地下商业街位置及宽度等。⑤城市设计控制图则（地下二层）主要控制引导元素包括：地下空间二层可建造范围、标高、主导功能、联系通道位置及宽度等（图 8-14）。

4）后续建设环节："管委会开发主体＋各技术负责人"的联合管控

（1）地块设计阶段，制定"管委会规划处＋各技术负责人"的联管模式

由管委会规划处牵头，会同各专项设计负责人（二层廊道、地下空间、区域供能等专项）组成"联合总控"的工作模式，全程跟进后续建设实施管理的技术审核及咨询工作，不断细化、量化设计坐标、标高、节点做法、施工方式等事宜。

地块建筑工程设计阶段，地块/公共工程设计单位须将各阶段的技术文件提交给管委会规划处；由管委会规划处将技术文件发给各专项设计负责人；总体设计和专项设计负责人以"建设方征询意见函""工程联系文件确认单"等文件格式将校审意见（书面及图纸）盖公章后反馈给管委会规划处；由管委会规划处统一反馈给地块设计单位。

该阶段有三个执行措施比较重要：①在进行报审、报批、报建中，建筑设计及各项工程设计图纸均表现出整个出让单元的设计情况。②专项规划设计与专项工程设计为同一家设计单位，保障公共系统"不打折扣"地落地。③施工图阶段要求各个开发建设单位、设计单位之间加强联系，设计界面相邻的设计单位点对点互提资料，并抄送管委会规划处备案。如果遇到设计进度不一的情况，则先设计方负责设计衔接界面做法详图，"后做配合先做"。

（2）地块施工阶段，制定施工总控计划

各项目开工后，为保证能够连续施工、按期竣工，以及确保近百个基坑群的施工安全和有序开挖，管委会牵头制定了区域施工总控计划和项目群风险控制计划，建立月度工程施工进度例会制度，并强化现场检查，督促进度。对进度缓慢的开发企业采取约谈等措施。同时也根据开发企业需要，积极协

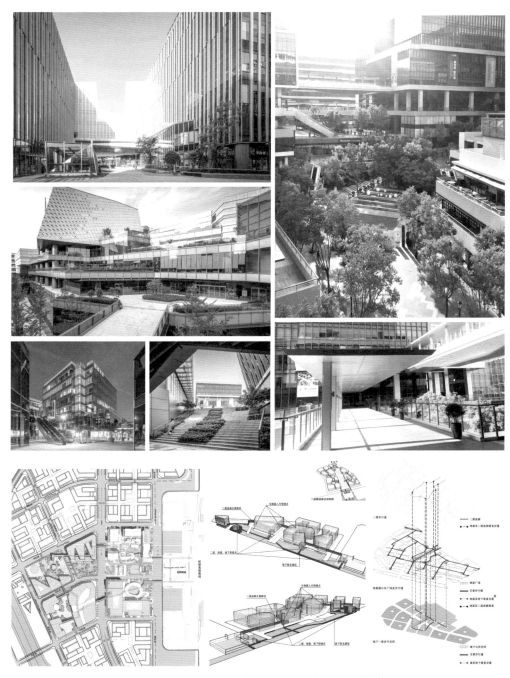

（a）总平面图　　　　　　　　　　（b）立体步行系统及地上地下转换节点

图 8–14　核心区一期的实施建成环境
（立体步行系统与公共开放空间的成功建设，以及开放、通透、活跃、便捷、绿色、艺术的场所形象，
成为核心区最重要的"城市客厅"）

调各类投资界面、施工界面、管线搬迁等问题，确保了各项目平稳连续施工[*]。

8.1.3 本项目实践的建议与反思

城市设计已经成为我国城市化进程中规范城市空间形态、落实城市空间功能、服务产业发展非常重要的手段之一，但如何从源头的创新规划设计，落实应用到建设项目实施的全过程，让其发挥更大的作用，是区域整体开发项目的实施建设主体、规划管理主体、设计总控主体等需要重点解决的问题。总结核心区一期的实践，以下几点可作为城市重点地区整体开发建设的成功经验进一步推广。

首先，整体开发"模式一"设计总控的四大关键环节：

① 先行环节——健全机制、明确主体责任、保障规划设计及开发实施创新。

② 土地出让前——编制具备一定深度、准确度的精细化城市设计及导则；确定开发模式；城市市设计导则等与开发模式需相互匹配、不能脱钩。

③ 土地出让环节——运用开发模式、"带导则方案"出让土地，并以此审查开发商提供的地块建筑设计方案是否满足相关指标，确保城市设计实施落地。

④ 工程建设环节——联管总控的全程审查监管（"管委会＋各设计负责人"的设计总控，以及"管委会＋各施工负责人"的施工总控）。

其次，土地出让前"空间深化、专项深化、导则深化、技术准确"的精细化城市设计编制非常重要。涉及区域功能定位和业态策划、城市规划、建筑规划、交通规划、市政规划、民防规划、智慧绿色等由不同的专业团队共同完成。涉及专业单位多、主管部门多的，"团队技术合作、经验总结交流、实施操作导向"更显重要。根据整体开发项目的复杂性、落地性需求，精细化城市设计导则甚至需要进一步深化为建设实施细则，对精细化城市设计阶段的总体设计及专项设计团队实操水平和经验均有要求，确保能够从规划到实施建设全程发挥作用。

最后，核心区一期建设完成的"地上—地下一体化的公共空间和步行体系及其节点"比较成功，但也有一些值得实施细则层面继续补充优化的问题，例如：核心区一期以街坊红线作为产权界面，其后续管理也各自分离

---

* 陈声凯.上海虹桥商务区核心区的开发建设与管理实践 [J].上海城市管理，2018（02）.

（公共段管理被移交市容局、地块段管理归各开发商），不同主体运营维护的品质、广告位、标识等存在比较明显的差别。街坊公共通道的理解可修订为：宽度内不能有任何阻挡通行的障碍物，而且不能是逃生梯、人防出口或者背巷空间；但可以结合景观通道，合理结合林下空间布设。

企业和政府合力建设的区域公共空间系统，如果能实现四统一：即统一规划、统一设计、统一建设、统一运维管理，那么最终整体完成度效果会更佳。需要继续探索源头设计创新、精细化管控创新、开发模式、产权及使用权方式的创新。

地下空间规划中，标高深度、层高、净高、出入口等是关键指标，对地下空间体系的整体效率和形象至关重要，可强化为刚性。但是，由开发商盈亏自负的使用功能和室内装修风格等其它指标可弹性放宽，对实施过程和未来可能出现的诸多不可预见的因素留出足够的余地。

最终建成的立体步行系统、两翼伸展的特征突出，但未形成清晰的环游，两翼之间的联系仍需加强。

8.2　世博 B 片区央企总部基地项目

8.2.1　概况及设计总控工作条线

世博 B 片区央企总部基地包括世博 B02、B03 地块，位于后世博五区一带的会展及商务区，是整个后世博项目的启动区。规划用地面积 25.11hm²，街坊总用地面积 13.68 万 m²。规划总建筑面积约 100 万 m²，地上约 60 万 m²，地下约 40 万 m²。其中，B02 分为 B02A、B02B 两个街坊，B03 分为 B03A、B03B、B03C、B03D 四个街坊。

2011 年 8 月《上海市世博会地区会展及其商务区 B 片区控制性详细规划》经上海市人民政府正式批准，宣告 B 片区开发建设正式启动。2011 年 7 ~ 11 月，共有 13 家央企陆续入驻 B02、B03 地块，并与上海世博发展（集团）有限公司签署《B02、B03 地块开发合作备忘录》、采取委托代建制模式、委托上海世博发展（集团）有限公司负责整个区域地下空间工程的立项、审批、实施、验收等工作，推进整个央企总部基地项目的建设。2011 年 11 月 20 日，上海世博发展（集团）有限公司基于 13 家央企的具体拿地情况和开发诉求，组织修建性详细规划深度的"世博地区 B02、B03 地块总体城市设计和各街坊建筑概念设计项目"的国际征集活动。2012 年 2 月，由上海建筑设计研究院有限公司以美国 PCPA 建筑师事务所和香港 IDA 设计事务所方案为基础、各取所长，形成整合方案后报市政府。2012 年 3 ~ 7 月，经过规划部门、上海世博发展（集团）有限公司、总控单位（上海建筑设计研究院有限公司）及各央企的多次讨论沟通、协调，总控单位设计完成总体设计方案，保证整个地区街坊的环境品质，兼顾功能合理、利益公平。总体设计方案基本完成后，为有序推进总体设计方案及控制性详细规划中的设计理念，明确各单项在总体框架中的单体设计任务，推广总控单位向各政府主管部门的征询成果，解决创新规划理念带来的操作问题，协调各单项之间的衔接盲区等，由总控单位牵头进行总体设计导则编制。至 2013 年 1 月，经过总体设计导则 A 版、B 版的编制和与各相关单位沟通，最终总体设计导则 C 版正式发放，并作为后期总控工作及单项设计工作的依据。2015 年底，世博 B 片区项目已全面结构封顶。至 2017 年底，整个世博 B 片区各单项均已投入使用（图 8-15）。

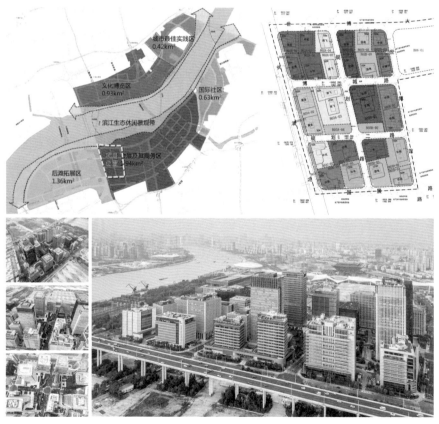

图 8-15 世博 B 片区区位、央企分布总图及建成实景图

8.2.2　设计总控对控制性详细规划的解读

区域整体开发项目是规划指导的有鲜明目标和主题的开发项目，因此必定是控制性详细规划先行。对控制性详细规划的解读和落实是总控工作的核心内容。世博 B 片区位于浦东世博园区内，紧邻黄浦江，是后世博发展的战略要地和先行军。依据《上海市世博会地区会展及其商务区 B 片区控制性详细规划》文本及说明书，世博 B 片区总体设计理念与原则包括：

①完善商务核心功能，增强街区活力原则——注重园区内商务办公和配套商业、餐饮、休闲、娱乐功能的适度混合，满足各类人群的需求，强化功能多元，打造 24 小时活力街区。

②强化以人为本，创造尺度宜人的环境原则——注重人性化空间的整体营造，强调街道界面连续，提供丰富的城市肌理和多样化的开放空间，创造连续、适宜的步行环境。

③兼顾城市功能，突出国际总部形象原则——注重延续世博空间意向，延续已形成的轴线、广场、绿廊，凸显中国馆的标志性地位，形成整体融洽的空间体系。

④推广节能技术，促进经济与环境和谐发展原则——注重世博理念的传承和延续，促进生态环境新技术、新理念的系统运用。

上述四个方面从功能层面、空间层面、形态层面和技术层面，对世博 B 片区的整体风格做了规定。但是由于控制性详细规划沿用的是以街坊红线为产权单元的管控习惯，没有意识到世博 B 片区的土地出让模式（街坊内划分小地块）所隐含的特殊难题，所以对单项建设来讲显得过于宏大，缺乏指导落地的价值。如完善商务功能中，规划强调各个单项建设之间设计功能差异化，强化功能的多元性，但是每个单项自身并不能掌控相邻单项的设计意图。又如以人为本的宜人环境中，规划强调连续的开放空间，但是各个单项同时设计，没有周边地块作为参考，很难完成空间的连续性。同时，通过对《上海市世博会地区会展及其商务区 B 片区控制性详细规划》相关图则（图 8-16）的解读，B 片区各个单项均为小地块出让、地下连通、整体开发、高密度、高覆盖率、高贴线率的商务办公群。各个单项紧凑且相互牵连，其优势在于比较容易形成统一风格和连贯的配套功能带，同时也带来设计实施管理界面相互牵连的问题。在设计、建设和管理环节中，一方面要以上一级控制性详细规划为指导，另一方面又要满足各单体设计的截然不同的功能诉求，同时兼顾各相关设计规范的要求。以功能、空间的高度融合统一为规划前提，面对各方面复杂的联系和矛盾，世博 B 片区在控制性详细规划之后和单体设计之间，加入总体设计环节，一方面弥补缺失的精细化城市设计环节、另一方面为下一步项目整体建设的总控工作奠定依据。

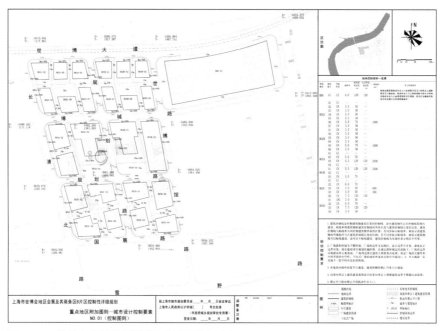

图 8-16　世博 B 片区控制性详细规划图则示例

8.2.3　总体设计方案整合

基于对世博 B 片区控制性详细规划的解读，总体设计方案的重点在于整合区域资源，实现功能、业态空间的高度融合统一（图 8-17）；其中，难点在于交通组织、绿化结构、消防组织等方面的设计平衡。在综合分析区位、功能、控制性详细规划限制的基础上，总体设计方案提出以下理念。

图 8-17　世博 B 片区总体设计方案效果图

1）整体架构设置构想

世博 B 片区央企总部项目，高密度、高容积率、高贴线率、上下空间立体的规划要求从策略上强调土地的集约利用，是具有突破性、前瞻性的策略。但是创新必然带来与现有阶段政策法规及技术条件之间的矛盾。本项目总体设计提出边界共享策略，总体设计以街坊为最小单位，通过整体平衡解决单项地块内的设计矛盾，从而达到土地的集约利用。

为进一步提高土地使用效率，规划将规划道路及公共绿化地下空间合理开发利用，成为公共地下空间，设置停车库等配套功能。作为公共空间，公共绿化及道路地下空间不具备设置送排风及出地面楼梯的条件，通过边界共享策略，公共地下空间与相邻地块共用楼梯间、送排风井，使公共空间设计方案可行，挖掘了道路及绿化下消极空间的使用潜能。

地面整体架构方面，博成路所在轴线尽端为中华艺术宫，有很好的人文景观基础，被定义为较为开放的商业街，应尽量减少地块在博成路开口。规划一路贯穿中央绿地，被定义为以自然景观为主的景观大道。中央绿地作为整个 B 片区的中央城市公园，街坊内绿化中心为内向型，是服务于街坊的半开放集中绿地（图 8-18）。

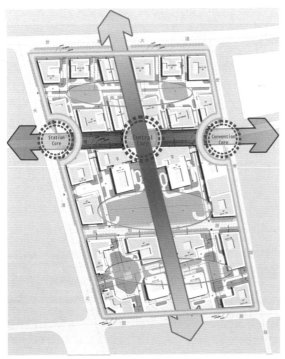

图 8-18 世博 B 片区整体架构示意图

2) 地下公共通道设置构想

B 片区西侧靠近 13 号线地铁站，并与 B03A–02、B03C–02 两个地块地下室相连通。为最大限度发挥整体地下室的优势，尽可能扩大地铁作为公共交通对本片区的服务半径，总体设计方案结合控制性详细规划，设计了一条 8m 净宽的地下人行公共通道。通道由地铁 13 号线站厅层出发，途经 B03C、B03A、B03B、B02B 地块，沿博城路向西，通往世博酒店和世博主题馆地下室，并最终与地铁 8 号线中华艺术宫站连通（图 8–19）。经过地下人行公共通道，可以到达 B 片区各个街坊，再通过地下办公门厅到达办公楼层，形成地铁通勤通道。在 B 片区鼓励使用地铁等公共交通，也是对绿色世博概念的延续。

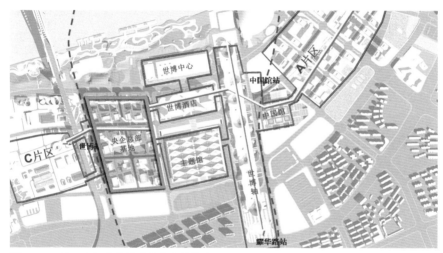

图 8–19 地下人行公共通道连通地铁线路图

配合地下人行公共通道，沿博城路南侧地下空间设计地下配套商业街，提升地下空间的活力和人气，引导人流通过地下进入各个地块。为进一步提升地下人行公共通道的品质，缓解地下室给人带来的幽暗、压抑的感觉，总体设计沿博城路，在长清北路、规划一路、世博馆路三个路口处设置地下二层直通地面的 3 个枢纽大厅。枢纽大厅为地下二层至首层，局部通高空间，方便地下人行公共通道与地面的连通，同时为地下室提供自然采光、通风，改善地下室环境，形成线性通道中的 3 个重要节点。

3) 统一地面交通组织构想

依据控制性详细规划对街坊地块的划分，每个街坊有 2 ~ 6 个独立的地块，即使每个地块仅设置 1 个对外的出入口，也将出现一个街坊有 6 个出入

口的情况。另一方面，由于本项目贴线率的严格要求，建筑体量布局基本限
定，而出入口的位置也就被限定，将会有多个街坊的出入口正面相对，与市
政道路形成十字路口，如果各个地块各自按照控制性详细规划执行，未来上
下班高峰期车辆在街坊出入口集中出入，则必将造成整个片区的拥堵。

　　统一地面交通组织的构想，是将整个 B 片区看作一个整体，将每个街坊
看作一个研究单元。确保每个街坊有不少于 2 个出入口，并对出入口的位置
遵照以下原则进行规划：①街坊内道路统一设计。②每个街坊有 2 个主要出
入口，以及至多 1 个次要出入口。根据消防需求可设置若干消防应急出入口，
仅在应急情况下开启。③博城路处于步行为主的商业轴线，沿博城路不开设
主要出入口。④主要出入口之间不宜正面相对；如果不得不正面相对，则道
路中心宜设置绿化带分隔。⑤地下车库出入口坡道尽量靠近主要出入口，减
少车辆在街坊地面停留（图 8-20）。

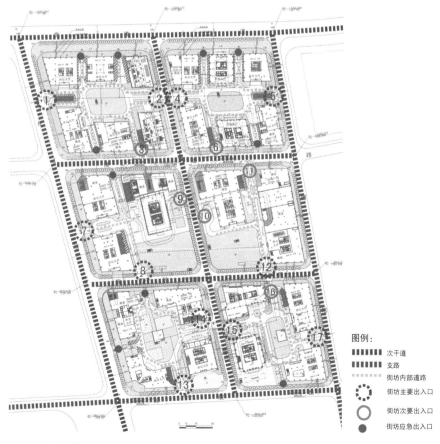

图 8-20　地面交通组织规划图

4）统一地面消防设计构想

控制性详细规划秉持的小街坊、高密度、高贴线率理念，建筑退红线距离小，导致各个单项设计中，消防登高场地、消防应急通道都难以在自身红线内完成。另一方面，如果强行要求每个地块各自考虑消防登高场地、消防环路，则必将占用大量的地面面积，造成浪费。总体设计方案以街坊为单位，在各个地块间设计共用消防登高场地、共用消防应急通道，形成区域消防总图（图 8-21）。

图 8-21 地面消防设计总平面图

5）多层次绿化系统，绿地率区域平衡构想

　　控制性详细规划中对绿地系统的规划较宏观，落实到总体设计方案中，由于建筑密度高、空地少，单项内难以形成集中绿化，分散绿化也难以达到上海市现行法律、法规要求的绿地率。总体设计方案以整个 B 片区作为研究对象，对片区绿地率整体考虑，街坊中心绿地连同 B03A-04、B03B-03 两个中央公园形成 B 片区的集中绿化（图 8-22）。单体建筑设计屋顶绿化作为绿地系统的补充。

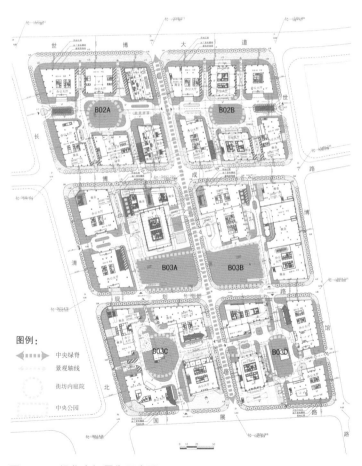

图 8-22　绿化空间平衡示意图

6）统一地下停车系统构想

为提高停车效率，地下室设计为大连通的整体地下车库，地下室地块间不设置隔墙，地下停车系统统一设计、建设、运营管理，地下停车数量按照地上办公建筑需求定点定量布置，并在方案阶段就划分清楚（图 8-23）。

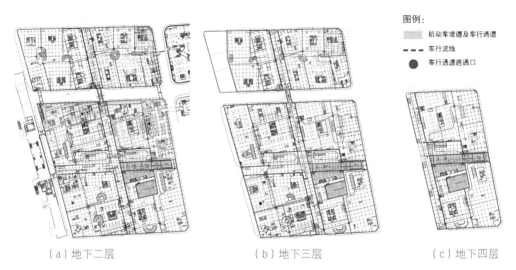

（a）地下二层　　　　　　　（b）地下三层　　　　　　（c）地下四层

图 8-23　地下车库大连通构想

7）统一地下室轴网构想

为实现地下室大连通、规整地下结构、提高停车效率，地下空间统一轴网设计（图 8-24）。轴网以 8.4m 为模数展开，设置地下空间轴网规划区和适变区。地上建筑控制线内，根据地上建筑设计布置轴网，不受整体轴网系统影响的为适变区，其余区域为规划区。

8）建筑立面设计

总体设计方案考虑到 B 片区央企总部基地的建筑属性，将建筑立面设计为以玻璃和石材为主的现代办公建筑风格，强调建筑立面端庄、厚重的风格（图 8-25）。

9）底层 12m 高度控制线设计

为体现人性化尺度，单体建筑设计在 12m 高处均设置一条腰线，形成统一的整体风格，削减大体量建筑对街道的压迫感。

① B02A 地块以商飞方案
（2-1，3-A）为起点布置
②

B02B 地块以（L-4，2A-
K）为起点布置

③ B03A、B03B 地块以商
飞方案（1-2，1-M）为
起点布置
④

B03C 地块以（3C-16，3C-
T）为起点布置
⑤

B03D 地块以（3D-2，L-
A）为起点布置

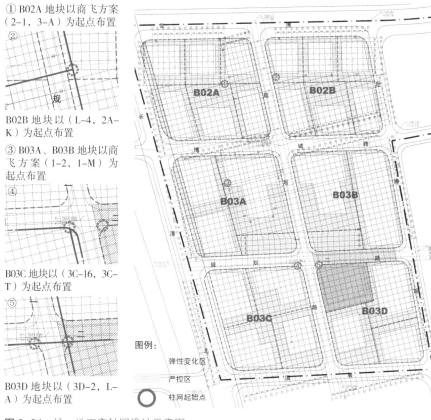

图 8-24　统一地下室轴网设计示意图

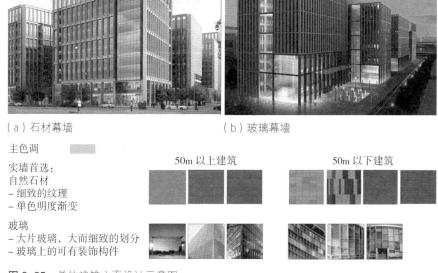

（a）石材幕墙　　　　　　　　　　（b）玻璃幕墙

主色调

实墙首选：
自然石材
– 细致的纹理
– 单色明度渐变

玻璃
– 大片玻璃，大而细致的划分
– 玻璃上的可有装饰构件

50m 以上建筑　　　　　　　　50m 以下建筑

图 8-25　总体建筑立面设计示意图

8.2.4　设计总控导则编制

在世博 B 片区项目实践中，总体设计方案经过市领导认可，需要在短时间内迅速落实并投入使用。但是总体设计方案仍然处于概念方案阶段，距离落实还有一定距离：一方面，虽然总体设计方案各专业及专项成果均经与政府主管部门沟通征询，但是定性的设计并不能作为各部门审批的依据，如消防、绿化、交通等专项均需要定点定量落实；另一方面，总体设计方案也向各单项业主进行征询，同样是因为深度不足，仅仅以区域整体形态及概念出现，未能体现总体对各单项设计的要求和限制，不能得到各单项业主重视。因此总体设计方案无论是与上一级审批部门还是下一级单项设计都没有形成紧密联系，不足以成为总控后续工作的依据。针对这种情况，需要对总体设计方案进行深化量化和专项拆解，将总体设计方案的各项构想拆解成为对每个单项的设计要求，形成设计总控导则。

世博 B 片区总控导则，包含项目概况、总体设计导则、统一技术措施、总体专项设计导则四大部分。总体设计导则将各设计要点从地上二层至地下四层进行了逐层梳理，是其中的核心内容。设计要点又分为严控项和建议项。地上设计要点中，严控项包括各单项用地面积、建筑面积、建筑高度、街坊出入口位置、地下车库出入口位置、地铁出入口位置、各地块绿地率指标、屋顶绿化率、建筑贴线率、地面消防通道及消防登高场地设计、建筑退界、立面玻墙比；建议项包括建筑主要出入口位置、12m 控制线、地上商业空间、地上二层连桥、建筑整体风格。地下设计要点中，控制项包括主体建筑轮廓线之外的轴网、地下各层标高、地下室退界、地下人行公共通道走向及宽度、人行垂直交通点、车行通道连通口、共用车行坡道、货运流线、货运库房位置、各地块地下停车配建数量、公共区域借用疏散口及进排风井位置。

世博 B 片区总控导则的主体部分，基本按照水平方向逐层梳理的设计逻辑，仅将交通和消防专项提取出来。在上海西岸传媒港项目中，总控导则尝试按照各部门审批逻辑，将导则分为：项目概况与导则编制背景、项目建设的亮点、规划建筑设计导则、消防设计导则、交通设计导则、绿化景观设计导则、地铁衔接相关设计导则、结构设计导则、机电设计导则、防汛设计导则、人防设计导则、绿建设计导则、总体 LEED-ND 设计导则、总体 BIM 设计导则几个部分。单独的篇章根据宣讲或者报审的需要可以独立成册，提高了内部交流和报审报批的效率。

世博 B 片区导则封面及目录如图 8-26 所示。

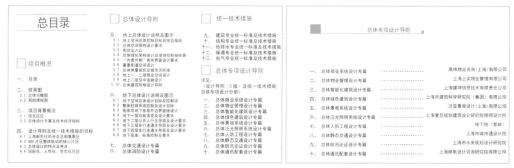

图 8-26　世博 B 片区导则目录

8.2.5　设计总控工作机制

世博 B 片区项目中，设计总控除了解决技术难题外，还尝试建立公共信息平台，通过自上而下的"总控图纸信息整合—发现问题—召集设计协调会—形成会议纪要—跟踪确认"及自下而上的"联系单—设计总控建议—设计协调会—形成会议纪要—跟踪确认"的工作机制，及时发现设计问题，并实时协调解决。

在设计方面，沿博城路的地面空间、地上二层、地下空间均是信息整合的关键界面。设计总控通过整体图纸拼合发现普适问题，提出解决方案，并召集会议宣讲，形成会议纪要。普适问题包括：各地块结构衔接问题、各地块地下室防水搭接问题、地下车行通道连通口对接问题、地面景观衔接问题、共用消防车道及消防登高场地位置确认、共用地库坡道设计问题等。

在项目管理方面，前期分项报批报建与统一建设管理的原则存在矛盾，需要以整体进度协调统一、具体细节问题分项解决，严格控制建设过程中的关键节点，确保规划设计理念得以实现。

世博 B 片区项目总控工作阶段如图 8-27 所示。

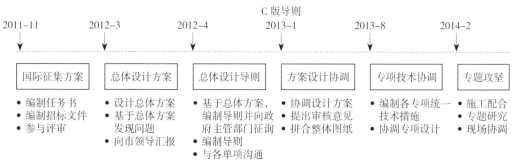

图 8-27　世博 B 片区项目总控工作阶段

8.3 徐汇滨江西岸传媒港项目

8.3.1 概况及总控工作条线

徐汇滨江西岸传媒港项目用地规模约 20hm²，包含 9 个地块、1 个整体地下空间及 9 个地块之间的市政道路。地上建设规模约 55 万 m²，地下建设规模约 45 万 m²，是上海首个地下空间整体开发独立立项出让的案例。西岸传媒港项目在城市设计及控制性详细规划阶段，被定位为国际传媒文化聚集地，地上为梦中心（后续转让给央视）、腾讯、湖南卫视、万达等传媒与文化机构。项目于 2012 年底进行了国际方案征集竞赛，2013 年由日建对国际方案竞赛成果进行整合优化，2013 年 6—7 月，上海市城市规划设计研究院编制控制性详细规划及实施深化细则，2013 年 7 月—2014 年 1 月，在日建概念方案基础上，两岸传媒港开发有限公司和上海建筑设计研究院有限公司设计总控完成西岸传媒港总体设计方案，锁定了多个整体开发的设计亮点。2014 年 5 月，启动西岸传媒港地下空间停车场及配套项目方案，并以此为契机深化设计了与西岸传媒港整体开发相关的设计亮点及多项整体专项方案。西岸传媒港地下空间停车场及配套项目方案于 2014 年 8 月通过审批，依据通过审批的总体设计方案特点及亮点，导则编制工作同步展开。2015 年 8 月，经过反复推敲，西岸传媒港整体开发设计导则稳定，并通过管委会备案执行。

西岸传媒港项目是公共开放空间整合度较高的一个区域整体开发案例。城市设计理念得以落地，很大程度上依托于其特殊的开发模式。基于城市角度的公共开放空间整合工作，以地面层为基础，向上延伸至平台、空中连廊、空中花园，向下延伸至地下步行系统、地下车行系统、地下公共交通，以及地下能源及设备系统。

基于城市设计导则，截至 2016 年底，整个片区设计工作基本完成，2021 年有望全面竣工投入使用。截止至本课题研究阶段，多数设计项目已经结构封顶，整个片区已经初见形象，追溯早期城市设计阶段的理念及设计亮点，基本落实。

西岸传媒港开发全貌如图 8-28 所示。

图 8-28　西岸传媒港鸟瞰图

8.3.2　设计总控对控制性详细规划的解读

控制性详细规划对传媒港区域的定位为"文化传媒集聚区、功能复合的商务社区、富有特色的滨水活动区"。基于以上定位，挖掘片区的城市区位、产业特色、周边人文底蕴、公共设施条件，整合可利用的资源，综合考虑现有技术条件，传媒港项目建设开发应基于以下原则：

① 以传媒为产业依托，强调区域特色——传媒港项目以传媒为产业依托，以梦中心为旗舰，主要包含腾讯、诺布、湘芒、央视、游族、国盛、万达几个业主，业态集中于文化、传媒、商务、商业等，通过对业态的筛选，体现鲜明的区域特色。

② 以滨江为资源优势，提升环境品质——区域总体设计方案应从城市角度体现滨江资源的优势，注重滨江开放空间的连续性与可达性，体现看江与被看的关系，在功能业态上形成滨江贯通空间的功能补充。

③ 以文化地标为背景，与周边业态形成互利互补——基于徐汇滨江打造的文化产业优势，利用规模效应，在传媒港区域为文化事件创造条件，一方面形成大型文化活动聚集地，另一方面为周边小型文化建筑提供功能和配套补充。

④ 以整体开发为手段，自内而外形成合力——发挥整体开发优势，将需要统一规划、统一设计、统一建设、统一管理的事项前置，形成设计条件。

8.3.3　总体设计方案整合与深化

在总体设计方案深化阶段，基于对控制性详细规划的解读及对城市设计成果的转化提炼，形成以下设计策略。

1）策略一：区域整体开发模式

区域整体开发模式，是针对小街坊、高密度街区，为实现集约用地、打造连续开放的公共空间、合理分配资源、区域共建共享而提出的创新开发模式。传媒港项目，是区域整体开发中一种比较特殊的模式，也是顺应滨江城市空间最大化公共开放的诉求、符合徐汇滨江整体定位的选择。传媒港模式中，为强调最大化的公共开放和空间连续，地上、地下形成一条隐形的水平红线，地下空间作为独立产权。区域整体开发的牵头公司承载了区域的总控工作，与设计总控共同组成总控团队。自 2012 年区域城市设计国际方案征集起，总控团队组织完成了总体设计方案及总体设计导则，并通过了联合审批备案、区域的绿建、BIM 设计导则，还完成了区域泛光、标识、景观等的总体设计，并通过总控机制确保了各项导则的有效性，实现各个设计理念的逐一落地落实。

2）策略二：二层平台，第二地面

为打造立体城市，实现人车分流，充分利用滨江景观资源，总体设计设置 9 个街坊整体二层平台。平台上运用小尺度、人性化的设计，塑造舒适宜人、具有吸引力的公共活动场所；塑造层次丰富、舒缓有致的天际轮廓线，创造独特滨水景观，满足多重观景需求。二层平台在实际设计中，通过设计导则规范了各地块平台覆盖率、开口率、绿地率、平台高度、平台商业设施面积下限、平台公共通道宽度、平台广场最小面积等事项，保证各个地块可以在统一的框架下独立设计。最终的平台景观统一设计，分地块实施。由于统一的设计原则和统一的景观处理手法，最终形成二层平台一体化的空间效果（图 8-29）。

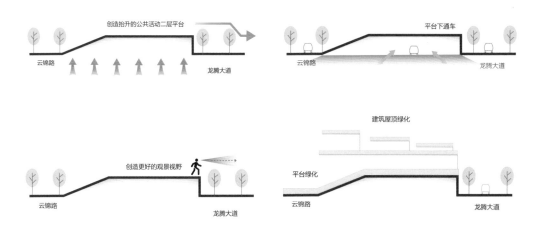

图 8-29　二层平台实景鸟瞰图

3）策略三：地下公共环路

为疏解到发交通对区域交通路网的交通压力，补充道路资源，实行人车分流、均衡停车，同时减少街坊内地下车库出入口，在地下二层设置车行环通道，以实现优化传媒港内部交通环境和优化城市区域性交通的双重目标。根据"指向明确、组织清晰、方便快捷、可持续发展"的理念，将地下公共环通道设置在地下二层，围绕中间 3 个地块，于规划七路、规划十一路、黄石路北侧和云谣路下方形成环通道。经交通流量模拟初步预测，地下公共环通道对内解决到发小汽车的便捷入库和分流、各地块内部车库出入口的集约整合，减少地面交通量和流线交织，优化地面交通环境，有助于营造人车适度交混的宜人街区环境；对外疏解周边市政道路交通压力，平衡整体交通流量分配，优化区域性交通环境（图 8–30）。

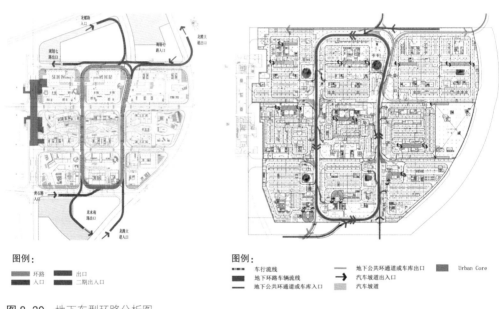

图例：
环路　出口
入口　二期出入口

图例：
车行流线　　　　　　　地下公共环通道或车库出口　　Urban Core
地下环路车辆流线　　　汽车坡道出入口
地下公共环通道或车库入口　汽车坡道

图 8–30　地下车型环路分析图

4）策略四：地下公共步行街

地下一层设置对外开放的地下商业空间，通过设计手段使地下商业拥有地上空间的采光、通风及良好的通达性。其手段包括：建筑内设从地下商业至地上二层的挑空，为地下商业创造纵向的开放感；增设与地下商业一体化的 Urban Core 及下沉广场，把空气、光线引入地下步行空间；设置采光天窗。地下公共步行街与地面步行系统、平台步行系统通过 Urban Core 贯穿起来，让几个独立的地块形成有机整体，最大限度保证商业的均好性，形成多首层立体化的空间体验（图 8-31）。

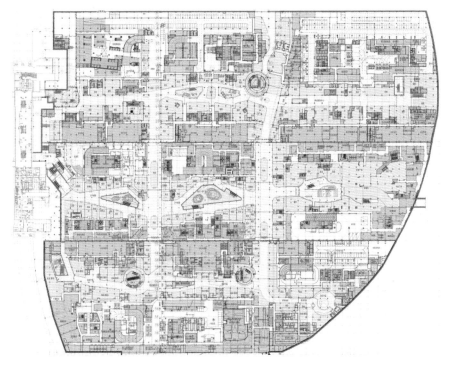

图 8-31　总体地下一层平面图

5）策略五：Urban Core

Urban Core 指连通地面和地下的公共枢纽，起到人、信息、环境、文化传递的作用。本项目中指从平台层贯穿至地下各层的城市人行公共节点。地下公共环通道及地下步行系统通过 Urban Core 引入自然采光、通风，并解决了地下空间缺乏标识性和方向感的问题。传媒港项目中设计的 Urban Core 通过统一半径的正圆形，统一的楼梯、电梯设施配置原则形成标志性节点系统，分别在区域入口门户、步行系统交叉点、滨江观景点位置，设置 5 个点位。每个点位以不同的互动主题体现所在区域的特色，成为兼具功能性和趣味性的艺术装置，增强了传媒港以开放和传媒为主题的区域特色（图 8-32）。

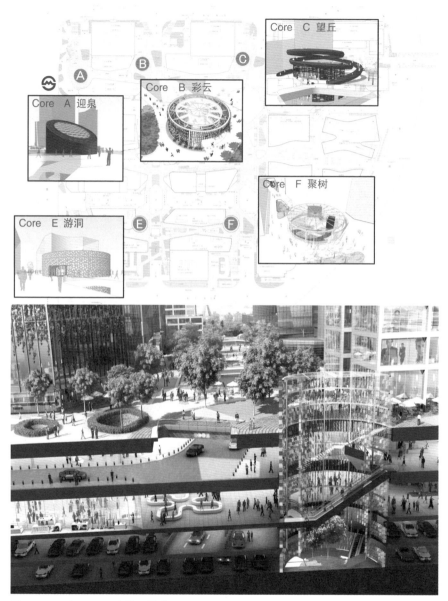

图 8-32 Urban Core 点位及形式

6）策略六：绿色园区理念

传媒港项目在启动初期就确定了打造高标准绿色生态园区的理念，并以 LEED-ND 为园区目标，以全园建筑至少达到绿色二星认证标准，力争绿色三星认证标准为建筑单体目标。绿建目标在设计初期被拆解成切实可行的技术手段，编制入设计导则。目前，片区取得国家绿色园区示范工程、LEED–ND 金奖，一半建筑单体已经递交绿建评审，部分建筑已取得绿色建筑设计标识证书。整个项目已经初步形成绿色生态示范区。区域绿建设计，主要考虑集约用地、减少能耗和排放、优化交通体系等大的系统，在设计建设过程中，还在进一步通过室内环境、景观手段、标识引导等细节设计，力争打造让人们切实感知得到的生态园区形象（图 8-33）。

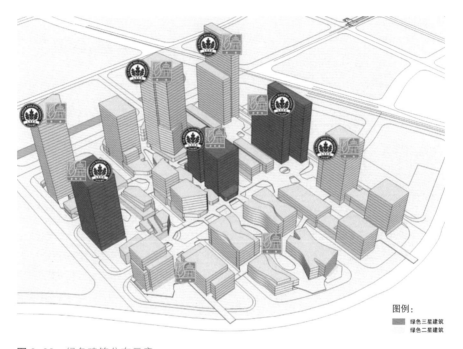

图例：

　绿色三星建筑
　绿色二星建筑

图 8-33　绿色建筑分布示意

7）策略七：区域一体的 BIM 设计

利用 BIM 技术优化设计方案，从环境协调性、空间划分合理性、建筑功能设计先进性、绿色建筑、用户体验等方面提出优化建议。在实践中，利用 BIM 技术对设计成果进行碰撞检查，解决各专业间的冲突，优化机电管线排布，提升设计过程的质量，避免施工过程中的设计变更。BIM 模型的可视化优势，在项目推进过程中，支撑了各个专题对于空间效果的优化。目前区域正处于施工阶段的中后期，BIM 模型对施工现场指导管线综合起到了重要作用。对于未来运维管理阶段的 BIM 应用，还在进一步探索中。

8.3.4 设计总控导则编制

区别于世博 B 片区按照地上、地下控制要点组织的设计导则，西岸传媒港项目设计导则力求纳入设计特点、亮点的同时，还要按照单体设计方案文本的架构，将各个政府主管部门关注的要点全部纳入导则。因此，设计导则按照专篇及专项。同时，为方便查阅，设计导则将控制要素整理成索引表参照规划编制文件的方式，将设计导则拆分为以控制要素为主的文本及以图文详解为主的说明书（图 8-34）。

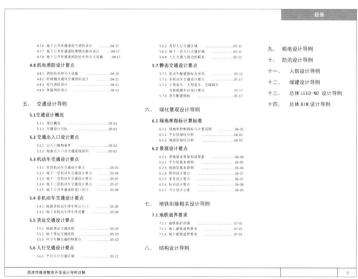

图 8-34 西岸传媒港导则目录

8.3.5 设计总控工作机制

传媒港项目设计总控，是基于整体地下空间，以及地面、平台公共区域的设计建设主体为传媒港公司，即总控执行单位。因此以公共区域为抓手，从公共区域自身的设计入手落实各项设计要点，同时以设计建设中的一个子项与相关联地块进行协调，推进总控工作。

这一模式的优势在于：城市设计的基本要点，全部掌握在一家开发主体及设计团队的工作范围内，便于城市设计要点落地。同时，地下空间及地面、平台景观，以类似服务片区地上建筑的区域基础设施的形式，便于沟通协调的推进。

而这一模式的缺点在于：设计总控并没有被定位在更高的位置，一些需要强制执行的事项（如 Urban Core），当挑战到单体建设利益时，则很难推行。同时，地下空间单独立项、单独设计的模式，将正常建筑设计上下一体的体系拆分，地下设计阶段没有地上建筑形式及业态规模作为参考，而地上设计滞后导致地下设计工作反复，增加大量的修改和校核工作。同时，地上地下的产权、设计、建设、管理界面相互交织，界面系统复杂。

传媒港项目总控工作架构如图 8-35 所示。

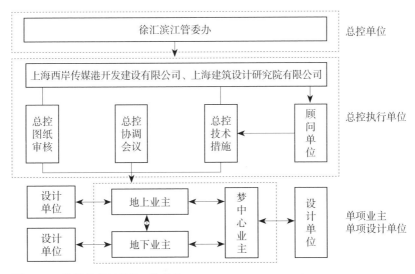

图 8-35 传媒港项目总控工作架构

8.4 世博文化公园项目

8.4.1 概况及总控工作条线

世博文化公园位于后世博 C 片区，项目占地约 2km²，建成后将是上海中心城区最大的公园绿地（图 8-36）。2017 年 3 月 25 日，市委书记韩正调研时对世博文化公园规划建设提出了明确要求。2017 年 4 月初，市级规划主管部门与上海地产（集团）有限公司共同组织启动了世博文化公园景观设计概念方案的国际征集，5 月底进行方案评审及优化；6 月底推选出优胜方案，向市领导汇报；8 月概念深化方案基本稳定，控制性详细规划批复；9 月启动区开工，市领导赴启动区植树；2018 年 2 月联合设计团队驻场设计，4 月指挥部成立，7 月底完成方案报批上报。2018 年底，方案完成报审工作。同步，规划调整完成，原有部分商业文化服务用地被纳入公园绿地。过程中，李强书记建议增加江南特色园林项目，同时温室花园概念方案国际征集结束。因此增加了音乐之林、江南园林、温室花园三个游憩项目。

随着项目推进，设计子项及建筑单体逐渐增加，条线逐渐复杂，项目由市绿容局牵头审批转入规划主管部门牵头审批。逐渐由公园绿地及其配套建筑项目，向多功能复合型的文化高地转化。至 2019 年年中，新增游憩项目设计方案基本稳定，但是整个园区呈现出设计团队多、信息不对称、设计各

图 8-36 世博文化公园效果图

自为政的局面，需要一支富有综合经验的总控团队，从总体上回归项目建设的初衷，找出核心理念，并解决多子项、多团队带来的设计与协调问题，在进度、质量、投资等各方面加以控制和推进。

设计总控于 2019 年 8 月中旬正式开展工作。总控团队短时间内迅速进入角色，将各片区前期设计成果整合梳理，对内把控设计推进方向，对外主动沟通，多次与规划主管部门交流设计成果。现阶段总体方案（包含北区、西区、东区三部分全专业设计整合成果）已基本完成，于 2019 年 10 月 16 日正式形成总体设计方案文本、汇报文件及多媒体演示文件，方案得到市规划局高度认可，并于 2019 年 12 月 17 日通过方案报审专家评审会，使项目按照进度计划顺利推进进度。

世博文化公园项目，基本是由上海地产集团一家业主组织设计、建设工作，是区域整体开发项目中的 4.0 模式，同时也是急补总控工作的典型案例。

8.4.2　设计总控对项目的解读

对于世博文化公园项目，设计总控介入工作已经是项目启动将近 2 年时，不同于其他总控项目，其总控工作展开时设计工作已经有一定的基础。设计总控初期面对琐碎的设计成果，首先需要完成的是回溯项目总体设计理念，不忘初心，提纲挈领地给出总体设计目标，明确核心任务和策略，将各个设计团队重新整合到统一的工作路径中。

世博文化公园主要有世博花园、江南园林、双子山、温室花园、世界花艺园，以及大歌剧院、国际马术中心等标志性景点，相互之间通过水系与森林进行衔接，形成有机整体。该项目是上海完善生态系统、提升空间品质、延续世博精神、建设卓越全球城市的重大举措之一。由于该项目功能复杂，参与的建设主体、设计团队及专项研究团队众多，且涉及地铁、隧道、高架道路及滨江防汛等众多约束条件，因此总控工作集中在提升目标、优化细节、解决矛盾。

8.4.3　总体设计方案整合与深化

世博文化公园整体定位为：传承世博记忆，打造世界一流的城市森林公园，建设生态自然永续、文化融合创新、市民欢聚共享的城市花园。为实现上述定位目标，从总体角度提出以下设计策略。

1）策略一：城中有景、景中有城的整体架构

通过"造山、引水、成林、聚人"四步手段形成公园整体架构。造山——最高48m的人造山体，与连绵起伏的余脉地形，环绕整个公园，阻隔了城市的喧嚣，形成面向浦江的态势。引水——U形水体成为缝合各个功能区的核心，利用后滩已有水利设施，实现自然流动。成林——特色鲜明的七彩森林水体覆盖整个公园，高达80%以上的绿地率成为城市中心的新绿肺。聚人——世博保留场馆、温室花园、江南园林、大歌剧院、马术谷等引人瞩目的现代建筑，将丰富多彩的城市生活融入自然。

世博文化公园的总平面图如图8-37所示。

2）策略二：特色鲜明、互融互通的功能布局

整体布局围绕世博环区、人文艺术区、自然生态区三大组团展开，与后滩公园区景观融合设计，形成四大功能组团。世博环区位于公园东北角，以世博会保留场馆为核心，包含世博花园、舞动广场、静谧林三大功能片区；片区传承世博文化记忆，打造文化高地，提供文化交流场所与创新平台。人文艺术区位于公园西侧，包含江南园林、音乐之林、大歌剧院、世界花艺园、马术谷几大功能片区；片区以人为本，共享开放，打造市民易于前往、乐于驻留的高品质城市生活圈。自然生态区位于公园南侧，包含温室花园、双子山两大功能片区，以生态为先，蓝绿网络渗透，完善生态格局，重塑自然生境，促进生物多样性，打造城市生态修复典范（图8-38）。

3）策略三：绿色出行、立体多维的交通系统

区域内包含现有及规划建设的地铁线3条、机场快线、隧道3条、公交枢纽2个，交通便捷，公共交通可达性较好。综合研究周边功能业态、项目交通可达性，对比类似规模案例，对本项目全面开园后客流量预测为平日1万人，节假日3万人，活动期间7万人。各出行交通工具使用人数由大至小分别为轨道交通、私家车、步行、常规公交、自行车、旅游大巴、出租车。轨道交通出行的客源人群包括市内游客和市外游客，通过地铁7号线、13号线、19号线到达。私家车交通出行的客源人群主要为市内游客，经由广场到达地下停车场。公园范围停车位总数为2800个，非机动车停车区域位于公园主要出入口地面广场处。公园内设置多个车行出入口及地下车库出入口，供应急车辆、后勤管理车辆、消防车辆出入及私家车停放。东、西、南、北四个方向共设置6个广场，分别与世博花园、温室花园、音乐之

图 8-37　世博文化公园总平面图

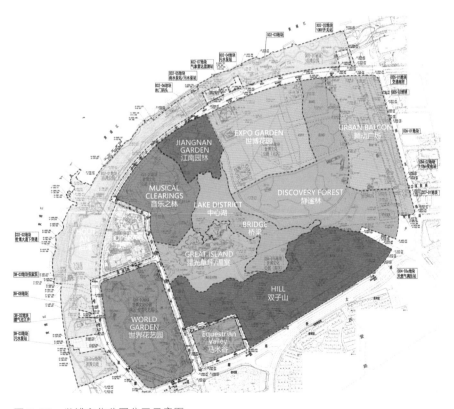

图 8-38　世博文化公园分区示意图

林、世界花艺园、江南园林相连接。地下车库靠园区外围，沿市政道路布置。地下层建筑及地下车库避让现有及规划建设地铁线、机场快线、隧道线路进行设计，与世博大道站、后滩站地铁站点衔接设计。

园路系统分为四级，车行在外、人行在内，人车分流：一级人行园路为全园主游步道，连接各主要功能区及景观节点；二级车行园路位于园区外围，与各出入口靠近，快速通达各区域；三级人行园路为各功能区内小环路；四级人行园路为支路、环湖栈道（图 8-39）。

整个公园集合轨道交通、公交、小汽车、自行车、电瓶车等多元交通方式，倡导绿色出行，构建多元立体的城市交通体系。

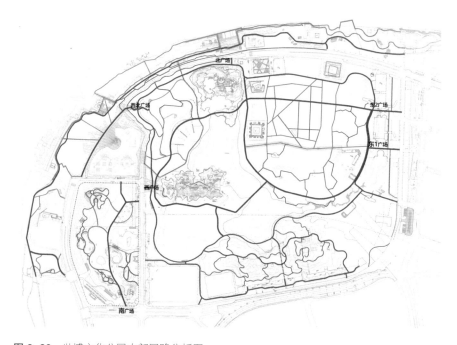

图 8-39　世博文化公园内部园路分析图

4）策略四：七彩森林、春花秋色的景观设计

千棵保留乔木和万棵新种乔木，形成探索自然、亲近自然、修复生态的七彩森林。和水系、山体一起，共同构成未来可持续发展的生态系统。世博花园，春季开花，以乔灌木为主；知音林，金黄色调打造区域特色，常绿落叶混交林打造背景；后滩区，打造常绿落叶混交林；世界花艺园，以新优品种为主，展示国际园艺风格水平；星光草坪区，以大草坪点植特型大树；双子山，围绕"中国山"的主题，通过不同风貌的植物组团，展现色彩缤纷、

疏密错落的混交林；湖区北端水岸线，多种杉树组合成水上森林自然区，中段水岸线及中心岛屿以挺、浮、沉水植物丰富水岸线，形成多层次的精致水上区域；舞动广场，种植上下两层的空间结构，注重入口形象，保证视线通透性；静谧林为色彩园艺片状混交林，过渡到色彩缤纷的双子山延伸区域；环翠林区，精选可独木成景的地域特色植物，形成疏林空间（图8-40）。

　　区域地势北低南高，整体呈环抱之势与水体形成公园的山水格局。南区山体形成全区景观制高点及周边场地的聚焦点，北区世博花园的东部启动区及音乐之林与双子山遥相呼应。

　　公园水域范围包括后滩公园水系、世博文化公园水系；设置5处泵站设施、2处水处理装置及1个调度中心，利用技术手段将区域内的水质提升至地表Ⅲ类。

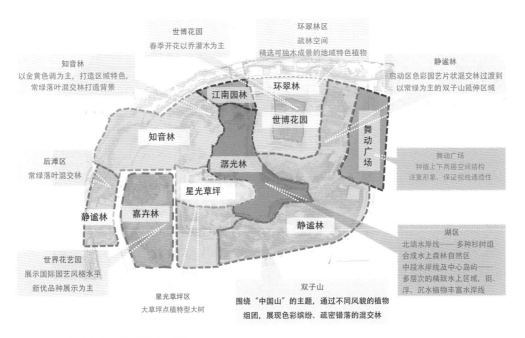

图8-40　世博文化公园植物分区图

5）策略五：延续现有、融合消隐的建筑设计

园区保留 4 个世博场馆，保留现有及尊重原外立面设计，延续世博文化记忆。改造修缮现有配套服务及设备设施用房，清洗翻新，增加绿化，尽可能将配套服务设施消隐在生态绿色的景观中。新建建筑强调与自然环境的融合互通，弱化建筑体量，融入自然景观，打造融于城市公园的游憩乐活场所（图 8-41）。

图 8-41　建筑的消隐设计

6）策略六：互联互通、站城一体的地下空间

依托地铁 7 号线、13 号线、19 号线站点，在园区东、西两个主入口处打造站城一体化的地下空间，将地铁人流直接引入园区内部，实现公园与地铁到发人流的无缝衔接。济明路沿线地下空间一体化设计，串联世界花艺园、马术谷、大歌剧院、温室花园几个核心景点及地铁 19 号线，增强核心景点可达性，使观演、活动、游玩不受室外气候环境影响。地下空间景观化处理，结合下沉广场、采光天井、Urban Core，打造舒适怡人的地下空间环境（图 8-42、图 8-43）。

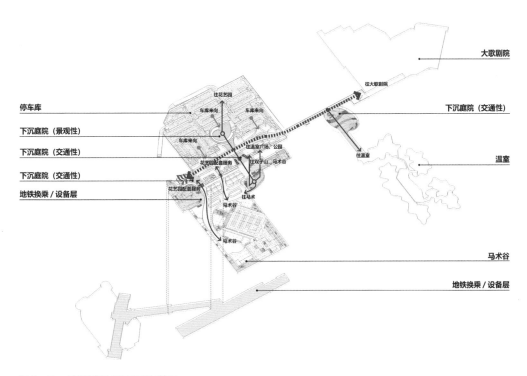

图 8-42 济明路地下空间轴测图

图 8-43 济明路下沉广场效果图

7）策略七：以人为本、回归自然的灯光设计

园区灯光统一设计，设计以"人与自然共生共存"的关系为中心，以"山水城相依、生态夜公园"为设计理念，以"道路、建筑、山体、绿化、水体、桥梁"为照明载体，形成"一环、两带、双馆、四星"的园区夜景观空间布局，打造和谐、雅趣、智慧的国际一流城市夜游公园，根据不同时间及不同的使用情况，设置"常态模式、赛事模式、庆典模式、深夜模式"四种照明模式，在靓丽的夜上海给游人全新的发现自然、感受夜景的游园体验（图8-44）。

8）策略八：资源整合、便捷舒适的智慧公园

通过信息技术和各类资源的整合，集结智能交通、智能广播、智能导览、智能互动等系统的建设，汇集基础数据、设施设备运行数据、养护数据、安全数据、环境数据、运营数据等公园大数据并应用，建设智慧公园大数据平台和应急指挥中心，整合内外资源，优化资源配置，了解运营现状，加强管理监控，进行科学决策，实现温室环境实时监控、智能报警系统、远程自动控制、数据分析等功能，树立智慧公园建设标杆（图8-45）。

9）策略九：蓝绿交织、全域系统的海绵城市

综合采用自然途径和人工措施，全面实践海绵城市，采取低影响开发、全过程控制、多系统衔接等方法，运营"大海绵"与"小海绵"相融合的海绵城市建设理念，从大局入手，既要考虑河湖水系这些"大海绵"的问题，又要考虑低影响开发这些分散的"小海绵"的建设，全面实践海绵城市。"大海绵"和"小海绵"组成城市的绿色基础设施，与雨水管网系统的灰色基础设施一起结合，形成世博文化公园海绵城市的框架，构建生态可持续发展的绿色公共空间系统（图8-46）。

10）策略十：绿色生态、自然永续的发展理念

依据SITES第二版评估体系，从场址环境，设计前评估和规划，场址设计，水，土壤和植被，材料选择，人类健康和福利，以及施工、运营和维护，教育和性能监控，创新或优良表现10个方面出发，对世博文化公园项目进行评估。世博文化公园项目现状预测确保132分＋力争19分＋调节8分，确保项目可以力争达到SITES V2铂金级认证，项目内单体建筑均力争绿色建筑三星标准，保证整个园区生态绿色可持续打造国家级的绿色创新示范园区。

图 8-44 泛光照明夜景效果图

图 8-45 智慧公园架构

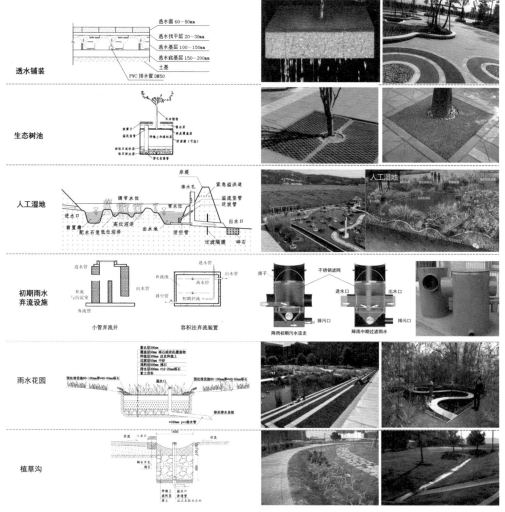

图 8-46　海绵城市策略

11）策略十一：统一管理、区域联动的运营方式

明确产权界面、运营界面：基本按红线划分产权界面，局部市政设施、地铁站、公交枢纽等产权为公共；明确运营界面，公共景观区域统一管理全天候开放，建筑内部独立自营（图 8-47）。整体运营，做到责权清晰、分时共享、区域联动、适变高效。分层分级管理，明确管理主体，在园区西北角设置集中管理用房，建立一级管理指挥中心全监控制度，在极端大客流时统一管理。

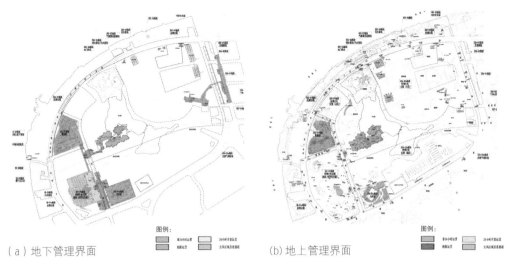

（a）地下管理界面　　　　　　　　　　　　　　　　（b）地上管理界面

图 8-47　运营界面分析图

8.4.4　专项补充工作

　　世博文化公园设计初期，针对专项工作是一种就事论事的态度，已经介入工作的包括北区交通、北区泛光、园区智能化、SITES 顾问、水利与海绵城市，除智能化和水利海绵在项目启动初期被提到比较高的位置，其他专项设计和研究基础都是针对局部或仅停留在概念阶段的。设计总控针对该项目子项多、设计团队多、设计条件复杂等问题，按照"统一规划、统一设计"的要求，需要制定总体设计原则和设计标准，确定各区块设计工作界面的划分，编制公园的总体设计导则。因此，除了协调和解决矛盾的被动式服务工作之外，还需要主动组织实现交通、消防、绿化、智能化、绿色建筑、景观、物业、泛光照明等单位进行整体化设计，为项目提供扎实的外部条件。

8.4.5　专题深化优化工作

　　总控介入工作后，对所有子项进行了审核梳理，过程中针对前期深度不够和需要优化的局部以设计总控专题的形式提出。例如，东入口广场优化专题、双子山建筑消隐专题、后滩公园改造梳理专题、管理用房立面优化专题、黄浦江亲水平台专题、济明路沿线地上地下一体化设计专题等。通过专题设计的优化，从细节入手，提升全园的品质（图 8-48）。

图8-48 《世博文化公园总体设计导则》目录

8.4.6 设计总控工作机制

世博文化公园的总控工作，以业主规划设计部和设计总控组成的联合总控形式，按照"内外分工，条线对接，条块结合"的原则分工合作，联合总控设总设计师，以及景观、建筑、机电、总图、计划管理等专业条线负责人。联合总控中业主人员主要负责与政府相关审批部门、公园其他建设主体单位沟通、联系和协调，解决外部界面、建设程序、报批报审手续等事宜；联合总控中设计总控主要负责对各区块团队设计工作的统筹协调、质量管控、进度安排和计划管理。具体工作制度包括：

① 驻场办公。联合总控工作成员实行联合驻场办公，保障信息及时传递、及时沟通协调和处理问题。

② 会议制度。联合总控采用每日晨会和总控例会两种会议制度。

　　每日晨会是联合总控内部交换信息的会议，由各专业条线负责人及时反馈该专业条线上工作完成情况及超出专业条线权限（或能力）范围的需要确定或决策的事项及内容，由联合总控集体讨论后，以会议纪要的形式对问题和事项予以明确或提出处理方案，根据条线分工由专人落实。

　　总控例会是联合总控与各区块设计负责人之间沟通的会议，每周召开一次。由各区块设计负责人汇报设计进度情况及设计推进中需要联合总控确定或协调的问题，联合总控各专业条线负责人提出工作要求，通过会议纪要的形式明确具体工作要求和解决问题的意见。会议纪要由业主团队相关人员发送到联合总控微信群，各专业条线负责人根据职能分工将会议纪要中与本条线相关的内容及时传达到相关设计团队负责人，并负责督促、落实；业主团队专业条线负责人将需要外部沟通协调的事项内容及时传递给相关单位、部门，并负责跟踪结果。

　　除每日晨会和总控例会外，各专业条线负责人还负责组织召开本条线专题会议。

　　③ 计划管理。计划管理负责人应根据实际发生的变化情况督促各区块设计负责人对进度计划进行及时修订、动态管理，将修订完善的计划及时提供给业主计划管理负责人。业主计划管理负责人根据新的进度计划，督促各专业条线负责人落实进度计划，并做好业主层面的协调工作。

　　④ 审核工作。审核标准以设计导则为依据，包含设计方案审核、扩初设计审核、施工图设计审核及施工图变更审核等。方案审核——对设计团队提交的专项设计方案的合理性、可行性进行审查，并提出修改指导意见。扩初审核——扩初审核工作与专项评审工作同步推进，由各专业条线负责人提出对本专业的审核意见，经总设计师审定后反馈给设计团队，并在施工图阶段按要求修改落实。施工图审核——各条线专业负责人对设计团队提交的施工图电子稿进行审核，重点审核图纸与导则的匹配性及扩初修改的落实情况，提出审查意见供设计团队完善修改后出蓝图。施工图变更审核——根据变更具体内容，专业条线提出技术审查意见，由业主对应条线负责人发起具体变更流程。

　　⑤ 施工现场巡查。联合总控每月组织一次施工现场巡查，了解项目施工进度，检查施工与设计图纸的吻合性，对现场施工不符合设计图纸的内容及时提出整改意见，查找设计与施工衔接上的问题，对于现场需要设计跟进的深化设计内容，督促设计团队按时完成。

9 | 区域整体开发中
设计总控的发展趋势

　　区域设计总控是伴随着上海超大国际城市建设应运而生的，是上海实现面向全球互联、区域协调、城乡融合的时代背景下，实现卓越全球城市建设目标的重要技术手段，是上海空间治理现代化、科学化管理的有力抓手之一。

　　面对科技快速发展的互联网时代，设计总控将在新发展理念引领下，呈现出更具系统性、科学性的动态发展趋势。

　　设计总控将进一步提供实现"创新、协调、绿色、开放、共享"可持续发展的路径，对上海超大城市建设，以及全国新型城镇化建设中有整体开发需求的大多数城市建设，起到引领示范作用。

9.1　设计内涵，渐趋扩大丰富

9.1.1　设计总控将进一步丰富提供实现全球卓越城市空间建设的综合路径

　　伴随着我国城市化建设进程，城市土地资源稀缺，新时期新理念应运而生。对于上海这样的超大城市，区域整体更新转型为上海一段时期内城市建设的重要内容，包括工业区转型发展、中心城区更新升级、综合设施服务转型、公共空间系统建设、滨水区的升级转型等。

　　整体开发建设模式为这种转型发展提供强有力的支撑。而区域总控强调城市的整体公共利益与各地块单体利益的均衡和增值，从整体角度考虑健康舒适的室外环境、低影响开发建设、地下地上空间综合利用、区域能源高效利用等绿色与可持续设计策略的实施，为复杂的、以存量发展为主的区域转型提供保障。同时，设计总控将进一步丰富提供实现全球卓越城市空间建设的综合路径。

　　从以往的经验可以看到，整体开发模式扩展了精细化城市设计的内涵，并使其思想、策划目标落地，打通了上位规划到单体设计的整体路径，作为对政府决策机制的技术支撑，贯穿全过程。将伊始的基本思想和设计概念在实施操作层面做具体化、专项化的分解细化，并且在后续的设计过程中进行有效贯穿全过程的约束管控，成为城市发展目标得以实现的主要"载体"。但是在实际操作过程中，开发建设路径还是较为单一，产权界面分割遇到瓶颈，有许多方面尚需完善。如开发建设模式方面，应在现阶段总控工作总结四种模式的基础上，充分发挥城市土地资源的集约效应，探索区域公共空间的产权和使用权合理分置的模式，打破目前产权和使用权高度一致的非集约模式；探索产权与建设权的部分分置；探索利益补偿等模式路径等。

9.1.2　持续成为城市空间治理科学化、精细化的重要抓手之一

在以往规划的基础上，"上海 2035"规划特别强调了保障理想蓝图成为多元利益主体共同行动纲领的内容。这就需要建立必要的协调统筹机制实施推进。徐毅松先生在《上海 2035：迈向卓越的全球城市》一书[*]中提到，"上海 2035 注重对规划实施各利益主体的引导和约束，使利益相关方成为城市健康发展的利益共同体，建立由空间规划体系、政策法规体系、空间管理体系、社会参与体系、监测维护体系构成的规划实施保障框架，确保一张蓝图干到底，切实提升超大城市治理能力"。

而设计总控、协调、管理工作，正是这一过程中的重要环节之一，其所表现出的集约综合、动态适变、科学前瞻的内涵特点，成为城市空间治理科学化、城市精细化管理之系统完善和发展的重要支撑。

9.1.3　持续成为规划设计和建设管理集约统筹的主要推动力

目前，城市发展面临许多新的课题，城市管理无论是从规划设计，还是从建设管理，都呈现集约、高效、综合的发展趋势。传统的城市管理方法在应对城市高质量的发展中，需要不断充实。"用老办法来应对新问题，是解决不好、也解决不了的"[**]。

"上海 2035"规划也特别强调了探索这种面向未来的城市治理模式和组织方式，强调多部门的统筹、多系统的综合、各相关方的共同行动。在这一过程中，设计总控正好是一个强有力的推手和抓手，更是具体实施过程中的一个帮手，其强调集约统筹，将持续成为规划设计和建设管理集约综合的重要推动力之一。

---

[*]　徐毅松. 上海 2035：城市理想蓝图与共同行动纲领 [M]// 上海市规划和国土资源管理局. 上海 2035　迈向卓越的全球城市. 上海：上海科学技术出版社，2018.

[**]　孟建民. 城市总设计师的意义在于动态协同城市发展所面临的复杂问题 [J]. 华建筑，2020.

设计总控的设计和管理也将在新时期新理念的引领下，内涵更趋综合系统，方法更趋明晰多样。

9.1.4　不断与时俱进，动态适应未来发展

就目前而言，规划设计和管理还呈现比较静态的特征。大规模的整体开发项目有其自身的整体综合的项目特色，在实际中，往往还存在很多操作层面的问题。设计总控工作倡导系统动态化地解决项目过程中所面临的复杂综合问题，内涵的拓展也应呈现动态的要求，力促传统的静态管理模式向新的动态的管理模式转变，满足多变的未来发展需求。

因此，总控的设计内涵也应在与时俱进的思想中，不断充实自身的设计内涵，在保持其主要内容不变的情况下，通过不断充实的设计总控导则，实施动态可变的把控，提供更为科学的各方利益协同，来推进项目的高效、高质量落地。

9.2　机制尚需完善，共赢平台渐趋加强

相对于传统分地块开发模式，区域总控面对的是多地块、多开发主体的整体开发模式，尽管目前已经积累了一定的实际操作经验，但是面对其复杂性和多元性，尚还需要在机制上系统完善，充实目前协作审批程序的科学性和适宜性，加强共赢平台的不断完善。

9.2.1　程序法定化，统一认识，促共赢共享落地

作为一种新的开发建设模式，其地上地下空间整合利用、资源集约高效、土地出让形式、规划管控形式、规划设计、报批报建程序、建设管理、竣工验收、房产确权，均与一般单地块、单业主、单项开发建设不同。从目前情况看，法定有效地的平台（内容、程序等）尚需完善，在这个平台上，一体化开发商、单体开发商、政府主管部门、设计师群体等各个方面，都应有一个有效的渠道作为法定的程序，使相关方达成共识，促进整体城市设计理念和思想的落地。

法定化的内容包括设计总控阶段、身份认定、设计成果的法定化，这些都须进一步加强。设计总控的成果作为控制性详细规划的补充内容，与技术

文件和图纸具有同样的作用，不仅成为土地出让的一个附件，还将作为城市建设管理的依据。

9.2.2 建立完善多部门联动的管理审批机制

针对设计总控的项目特点，在项目推进过程中，经常遇到非常规问题，传统审批、建设、管理程序已不能完全满足发展需求。

设计总控寻找综合整体与单体项目的共赢策略，使各单体在难以同时满足规划、消防、交通、绿化等各主管部门的要求之际，总体考虑、综合平衡，"完成从总体到各地块单体的分析、论证、协调工作，并为边界问题、各地块难以独立解决的问题，提供合理的解决方案和实施方案"*。这就出现了大量的、须要各主管部门的联动、对接和协作的工作。

目前，急需多部门联动的管理审批机制的完善和建立，如审批流程也须纳入区域视角，形成区域统筹、综合平衡的整体报批程序的依据等。

9.3 系统驱动，提高设计总控的社会价值

面向"上海2035"卓越全球城市的发展，设计总控须从设计内容、管理方法等方面，不断提高设计自身的内在价值，力推更大公共价值驱动力的落地。面向未来科技的不断发展，亦尚需持续丰富设计总控的内容、技术手段、技术进步等，主要表现在以下几个方面。

9.3.1 多方利益主体关系的科学量化

在实际操作中，还面临许多瓶颈，例如：如何评价多元利益主体的利益所在和权重？如何评价公共空间和私有空间的关系？如何评价近期与远期的关系？诸如此类问题会在不同项目中出现。而项目设计内容不同，权重也会不同，但这些都需要设计总控在介入初期的工作阶段时就明晰，以便于各利益主体达成基本的共识。

为此，清晰的、可量化的目标框架尚需不断丰富和完善，比如：对于私有（产权方）而言，可量化的利益损失和利益增加在哪些方面？这些是否可

---

* 刘恩芳. 行进中的后世博 [J]. 华建筑，2015（2）.

以平衡？对于那些单体利益受到损失的情况，又可以通过哪些设计方法、政策上的支撑来补偿，以达到价值的互补和增值？这些都需要一些科学的、定量的指标分析来支撑。又如，对于区域整体开发项目，可以单独划分不同类型，形成不同类型项目的开发导则手册，作为专项附加图则的补充，从项目伊始就形成各子项间的共建共享内容等。

因此，这就需要设计总控的设计工作在现有经验的基础上，进一步在其衡量诸多利益主体关系的价值量化上，充实其科学性的属性，以利于在实际设计总控工作及政府的主管过程中，处理平衡好各方利益关系，为驱动整体项目价值最大化提供重要的保障，使各利益主体在促进公共价值最大化的同时，自身价值也有所提升和增加。

9.3.2　人工智能技术的支撑

随着科技发展，设计总控将在现有基于 BIM 协同设计的基础上，不断发展和丰富设计方法，支撑量化、科学的总控评价体系，向更为依靠新兴信息科技的互联协同发展。

面对当前互联时代，积极认识科技进步的影响，构建设计总控的新知识、新技术支撑系统，包括多方利益主体认识方法、各方解决问题的路径渠道。袁烽在《人与机器的相互控制决定了未来建筑师在建造中的重要性》一文中提到，"后人文主义时代的设计与建造，不是形式上而更多是设计和建造工具的革新，以及强调哲学伦理意义上的革新。建筑师将不仅设计建筑本身，也可能会设计建筑工具：可视化工具、分析工具、形态生成工具，甚至机器人建造工具……"*，揭示了未来新技术对设计的影响，以及建筑设计行业的发展趋势。

面向未来，总控的设计工作要充分考虑一些我们现在无法预测的内容，在伴随深刻的技术进步中，依靠信息化和人工智能的技术支撑，拓展设计总控内容，将设计、协调、把控等工作的科学性推向深入。

9.3.3　促进建造方式的转型

作为国民经济的重要支柱之一，建筑行业为中国经济的持续健康发展提

---

* 袁烽. 人与机器的相互控制决定了未来建筑师在建造中的重要性 [J]. ArchitectureCN, 2020.

供了支撑。改革开放初期的粗放生产方式，为经济发展提供了保障，但同时也留下许多遗憾，使我国距离高质量的发展还很远。近年来，我国从精细化的城市设计到设计总控都做了积极的探讨，为促进向集约、可持续的设计、管理、建造的转型，提供了强有力的支撑。

2020年7月28日，中华人民共和国住房和城乡建设部、国家发改委等13个部门，联合发布了《关于推动智能建造与建筑工业化协同发展的指导意见》，提出了发展目标与任务：到2025年基本建立中国智能建造与建筑工业化协同发展的政策体系和产业体系，建筑工业化、数字化、智能化水平显著提高；到2035年，智能建造与建筑工业化协同水平世界领先。

推动建造方式转型，是新时期社会发展的需要，总控工作的设计内容和工作特性，为这一战略实施提供更为先天的有利基础。为此，设计总控应不断拓展和充实设计内涵，来推动整体智能建造方式的转型，推动行业的进步，推动社会的可持续健康发展。

面向未来，设计总控将不断深化完善，促进开发、设计、管理、建造新模式的不断发展，为绿色、共享、可持续的社会发展做出科学、动态、前瞻的技术支撑和贡献。

参考文献

[1]   崔宁. 伦敦新金融区金丝雀码头项目对上海后世博开发机制的启示 [J]. 建筑施工，2012（2）：85–88.

[2]   杨春侠，吕承哲，徐思璐，等. 伦敦金丝雀码头的城市设计特点与开发得失 [J]. 城市建筑 .2008（35）：101–104.

[3]   姚朋. 纽约滨水工业地带更新中的开放空间实践与启示——以哈德逊河公园为例 [J]. 国外风景园林，2013（2）：95–99.

[4]   曾如思，沈中伟. 纽约哈德逊广场城市更新的多元策略与启示 [J]. 国际城市规划，2020（4）：1–18.

[5]   陈伟，张帆. 日本东京六本木新城建设的启示与反思 [J]. 规划师，2007（10）：87–89.

[6]   朱友强. 城市滨水开放空间人性场所构建策略研究——以纽约滨水空间为例 [D]. 北京：北京林业大学，2017.

[7]   段绍睿. 城市棕地的更新与重生——纽约高线公园改造启示 [J]. 智能规划，2020（5）：152–153.

[8]   李燕珠. 六本木新城 17 年造就 "城中之城" [J]. 房地产导刊，2010（5）：96–99.

[9]   施国庆，郎昱. 都市旧城区改造的多方合作共赢模式——日本六本木新城模式及其启示. 城市发展研究. 2013（10）：13–16.

[10]   刘滨谊，王晓鸿. 复合性都会再开发计划——以六本木新城为例 [J]. 规划师，2006（1）：99–101.

[11]   陈伟，张帆，廖志强. 日本东京六本木新城建设对上海城市规划的启示 [J]. 上海城市规划，2006（3）：55–57.

[12]   赵景伟. 三维形态下的城市空间整合 [M]. 北京：北京航空航天大学出版社，2013：204.

[13]   黎雪梅. 新宿——东京的副都心 [J]. 北京规划建设，1997（2）：33–35.

[14]   杨永生. 中外名建筑鉴赏 [M]. 上海：同济大学出版社，1997.

[15]   中国城市规划设计研究院，建设部城乡规划司，北京市城市规划设计研究院. 城市规划资料集第 6 分册城市公共活动中心 [M]. 北京：中国建筑工业出版社，2003.

[16]   姚凯. 上海城市总体规划的发展及其演化进程 [J]. 城市规划学刊，2007，167（1）：101–106.

[17]   陶建强. 上海陆家嘴中央商务区规划开发回眸 [J]. 城市管理，2004（6）：9–13.

[18]   李东君. 面向未来的新世纪蓝图——陆家嘴中心区 CBD 规划设计 [J]. 时代建

筑, 1997 (1): 16-21.

[19] 上海市规划和国土资源管理局, 上海市规划编审中心, 上海市城市规划设计研究院. 城市设计的管控方法——上海市控制性详细规划附加图则的实践 [M]. 上海: 同济大学出版社, 2018.

[20] 韩冬青, 冯金龙. 城市·建筑一体化设计 [M]. 南京: 东南大学出版社, 1999.

[21] 刘皆谊. 城市立体化视角——地下街设计及其理论 [M]. 南京: 东南大学出版社, 2009.

[22] 沃特森, 布拉特斯, 谢卜利. 城市设计手册 [M]. 刘海龙, 郭凌云, 俞孔坚, 译. 北京: 中国建筑工业出版社, 2006.

[23] 蒂巴尔兹. 营造亲和城市 [M]. 鲍莉, 贺颖, 译. 北京: 中国水利水电出版社, 2005.

[24] 邹德慈. 城市设计概论 [M]. 北京: 中国建筑工业出版社, 2003.

[25] 周静瑜, 等. 主题乐园总控管理 [M]. 上海: 同济大学出版社, 2018.

[26] 吴亮. 基于共生思想的集群式高层建筑研究 [D]. 哈尔滨: 哈尔滨工业大学, 2008.

[27] 王克宁. 城市新区域都市设计之核心价值的提升与落实 [D]. 天津: 天津大学, 2010.

[28] 刘恩芳, 李定, 范文莉, 等. 低碳城市与后世博设计总控 [J]. 绿色建筑, 2014 (2).

[29] 金广君. 城市设计: 如何在中国落地? [J]. 城市规划, 2018 (3).

[30] 张琳. 城市公共空间尺度研究 [D]. 北京: 北京林业大学, 2007.

[31] 于文悫, 顾新. 从规划许可困境看地下空间规划组织与编制 [J]. 城市规划, 2015.

[32] 吴亮, 张姗姗. 论集群式高层建筑与城市环境的共生理念 [J]. 建筑学报, 2009.

[33] 覃力. 高层建筑集群话发展趋势探析 [J]. 城市建筑, 2009.

[34] Wesley E, Daniel P, Norman W. Community design, street networks, and public health[J]. Journal of Transport & Health, 2014 (4).

[35] 北京城市规划管理局科学处情报组. 城市规划译文集 外国新城镇规划 [M]. 北京: 中国建筑工业出版社, 1980: 286.

[36] 周瑜, 何莉莎. 一个影响世界的地方服务经济时代的 CBD [M]. 北京: 知识产权出版社, 2014: 188.